编审委员会

高等职业教育艺术设计"十二五"规划教材

ART DESIGN SERIES

家具设计教程

Furniture Design Course

罗晓容 编著

国家一级出版社
全国百佳图书出版单位

西南师范大学出版社
XINAN SHIFAN DAXUE CHUBANSHE

图书在版编目（ＣＩＰ）数据

家具设计教程/罗晓容编著：—重庆：西南师范大
学出版社，2006.5（2016.4重印）
高等职业教育艺术设计"十二五"规划教材
ISBN 978-7-5621-3600-2

Ⅰ.家… Ⅱ.罗… Ⅲ. 家具－设计－高等学校：技术
学校－教材 Ⅳ. TS664.01

中国版本图书馆CIP数据核字(2006)第043360号

丛书策划：李远毅　　王正端

高等职业教育艺术设计"十二五"规划教材
主　　编：沈渝德
———————————————————
家具设计教程 罗晓容 编著
JIAJU SHEJI JIAOCHENG
———————————————————
责任编辑：戴永曦　文沛雯　王正端
整体设计：沈　悦
———————————————————
西南师范大学 出版社(出版发行)
地　　址：重庆市北碚区天生路2号　　　　邮政编码：400715
本社网址：http：//www.xscbs.com　　　电　话：（023）68860895
网上书店：http://xnsfdxcbs.tmall.com　　传　真：（023）68208984
———————————————————
经　　销：新华书店
排　　版：重庆新生代彩印技术有限责任公司
印　　刷：重庆康豪彩印有限公司
开　　本：889mm×1194mm 1/16
印　　张：6
字　　数：192千字
版　　次：2006年9月 第1版
印　　次：2016年4月 第5次印刷
ISBN 978-7-5621-3600-2
定　　价：36.00元
———————————————————

本书如有印装质量问题，请与我社读者服务部联系更换。读者服务部电话：(023)68252507
市场营销部电话: (023)68868624　68253705

西南师范大学出版社正端美术工作室欢迎赐稿，出版教材及学术著作等。

正端美术工作室电话: (023)68254657(办)　13709418041　E-mail：xszdms@163.com

序
Preface 沈渝德

职业教育是现代教育的重要组成部分，是工业化和生产社会化、现代化的重要支柱。

高等职业教育的培养目标是人才培养的总原则和总方向，是开展教育教学的基本依据。人才规格是培养目标的具体化，是组织教学的客观依据，是区别于其他教育类型的本质所在。

高等职业教育与普通高等教育的主要区别在于：各自的培养目标不同，侧重点不同。职业教育以培养实用型、技能型人才为目的，培养面向生产第一线所急需的技术、管理、服务人才。

高等职业教育以能力为本位，突出对学生能力的培养，这些能力包括收集和选择信息的能力、在规划和决策中运用这些信息和知识的能力、解决问题的能力、实践能力、合作能力、适应能力等。

现代高等职业教育培养的人才应具有基础理论知识适度、技术应用能力强、知识面较宽、素质高等特点。

高等职业艺术设计教育的课程特色是由其特定的培养目标和特殊人才的规格所决定的，课程是教育活动的核心，课程内容是构成系统的要素，集中反映了高等职业艺术设计教育的特性和功能，合理的课程设置是人才规格准确定位的基础。

本艺术设计系列教材编写的指导思想是从教学实际出发，以高等职业艺术设计教学大纲为基础，遵循艺术设计教学的基本规律，注重学生的学习心理，采用单元制教学的体例架构，使之能有效地用于实际的教学活动，力图贴近培养目标、贴近教学实践、贴近学生需求。

本艺术设计系列教材编写的一个重要宗旨，那就是要实用——教师能用于课堂教学，学生能照着做，课后学生愿意阅读。教学目标设置不要求过高，但吻合高等职业设计人才的培养目标，有足够的信息量和良好的实用价值。

本艺术设计系列教材的教学内容以培养一线人才的岗位技能为宗旨，充分体现培养目标。在课程设计上以职业活动的行为过程为导向，按照理论教学与实践并重、相互渗透的原则，将基础知识、专业知识合理地组合成一个专业技术知识体系。理论课教学内容根据培养应用型人才的特点，求精不求全，不过多强调高深的理论知识，做到浅而实在、学以致用；而专业必修课的教学内容覆盖了专业所需的所有理论，知识面广、综合性强，非常有利于培养"宽基础、复合型"的职业技术人才。

现代设计作为人类创造活动的一种重要形式，具有不可忽略的社会价值、经济价值、文化价值和审美价值，在当今已与国家的命运、社会的物质文明和精神文明建设密切相关。重视与推广设计产业和设计教育，成为关系到国家发展的重要任务。因此，许多经济发达国家都把发展设计产业和设计教育作为一种基本国策，放在国家发展的战略高度来把握。

近年来，国内的艺术设计教育已有很大的发展，但在学科建设上还存在许多问题。其表现在缺乏优秀的师资、教学理念落后、教学方式陈旧，缺乏完整而行之有效的教育体系和教学模式，这点在高等职业艺术设计教育上表现得尤为突出。

作为对高等职业艺术设计教育的探索，我们期望通过这套教材的策划与编写构建一种科学合理的教学模式，开拓一种新的教学思路，规范教学活动与教学行为，以便能有效地推动教学质量的提升，同时便于有效地进行教学管理。我们也注意到艺术设计教学活动个性化的特点，在教材的设计理论阐述深度上、教学方法和组织方式上、课堂作业布置等方面给任课教师预留了一定的灵动空间。

我们认为教师在教学过程中不再是知识的传授者、讲解者，而是指导者、咨询者；学生不再是被动地接受，而是主动地获取，这样才能有效地培养学生的自觉性和责任心。在教学手段上，应该综合运用演示法、互动法、讨论法、调查法、练习法、读书指导法、观摩法、实习实验法及现代化电教手段，体现个体化教学，使学生的积极性得到最大限度的调动，学生的独立思考能力、创新能力均得到全面的提高。

本系列教材中表述的设计理论及观念，我们充分注重其时代性，力求有全新的视点，吻合社会发展的步伐，尽可能地吸收新理论、新思维、新观念、新方法，展现一个全新的思维空间。

本系列教材根据目前国内高等职业教育艺术设计开设课程的需求，规划了设计基础、视觉传达、环境艺术、数字媒体、服装设计五个板块，大部分课题已陆续出版。

为确保教材的整体质量，本系列教材的作者都是聘请在设计教学第一线的、有丰富教学经验的教师，学术顾问特别聘请国内具有相当知名度的教授担任，并由具有高级职称的专家教授组成的编委会共同策划编写。

本系列教材自出版以来，由于具有良好的适教性，贴近教学实践，有明确的针对性，引导性强，被国内许多高等职业院校艺术设计专业采用。

为更好地服务于艺术设计教育，此次修订主要从以下四个方面进行：

完整性：一是根据目前国内高等职业艺术设计的课程设置，完善教材欠缺的课题；二是对已出版的教材在内容架构上有欠缺和不足的地方进行补充和修改。

适教性：进一步强化课程的内容设计、整体架构、教学目标、实施方式及手段等方面，更加贴近教学实践，方便教学部门实施本教材，引导学生主动学习。

时代性：艺术设计教育必须与时代发展同步，具有一定的前瞻性，教材修订中及时融合一些新的设计观念、表现方法，使教材具有鲜明的时代性。

示范性：教材中的附图，不仅是对文字论述的形象佐证，而且也是学生学习借鉴的成功范例，具有良好的示范性，修订中对附图进行了大幅度的更新。

作为高等职业艺术设计教材建设的一种探索与尝试，我们期望通过这次修订能有效地提高教材的整体质量，更好地服务于我国艺术设计高等职业教育。

前言
Foreword

　　家具是人类生活不可缺少的物质器具，有了人类就有了家具。社会进步了，家具也随之而发展，它带给人们舒适和方便，提高了人们的工作效率。家具经过数千年的发展，它早已不再是简单的功能物品，已经具有了丰富的信息载体的功能，它是一种文化形态，综合体现了社会发展各个历史时期的审美意识、科技水平和功能需求。

　　家具是室内设计、室内环境中的重要组成元素，并且起着重要作用。家具有其自身的构成规律及设计原则，在空间上它要服从室内环境的整体审美要求，在使用方面它又必须符合功能性原则。家具设计是室内设计学科必须学习的专业知识。本书是按照室内设计专业的教学要求来编写的，分五个教学单元，分别讲述了家具设计的概论、家具设计原则、家具设计中的人体工程学应用、家具造型设计和家具发展简述及中外优秀家具欣赏，介绍了大量优秀实例可供欣赏及参考。

目录
Contents

教学导引

一、教程基本内容设定

家具这种器具作为人类生活的伙伴，随着社会的发展、人们生活水平的提高而演变。它的存在，一方面，使得人们的生活方便而舒适，使工作提高了效率；另一方面，家具设计的更新、发展，引导和改变着人们的生活方式。同时，作为一种文化形态，承载了社会意识形态、社会心理、风俗习惯、生产方式和审美情趣等诸多方面的信息。因此，要成为一个能懂得市场和消费心理的家具设计师，在审美、工艺和技术上的要求应该成为学习者刻苦钻研的奋斗目标。

本书的主要内容分为五个教学单元。第一单元的主要内容是家具设计概论、家具设计的构成要素以及设计基本原则，家具设计的程序、方法与步骤、家具与人与室内环境的关系；第二单元的主要内容是家具的功能性、家具的结构设计以及材料工艺；第三单元讲授了人体工程学在家具设计中的应用，人体生理机能与家具设计的关系；第四单元主要讲授家具造型设计；第五单元是中外优秀家具欣赏、现代家具发展史。

二、教程预期达到的教学目标

家具是大众文化和艺术性表现的载体，它承载了某一区域、地区在某一历史时期人们的生活方式，体现社会的物质文明程度、历史文化特征、生产力发展水平，以及凝聚了丰富而深刻的社会性。在室内环境的陈设中，家具在空间中的排列设计，对整个空间的分隔依据人的活动、生理以及心理的影响是举足轻重的，家具是室内环境功能的主要构成因素和体现者。

尽管家具有其较强的功能性，但只是满足功能的设计是没有市场的，家具又必须具有满足人们心理需求的功能，但也不是简单追求设计美感就能达到设计目的。由此看来，家具设计是一门设计师在针对产品进行设计时，尽可能使家具的功能性和审美性完美结合的课程。本课程预期达到的教学目标是，学生通过学习和设计实践训练，能够具备基本设计能力，并且为以后进一步学习奠定基础。

三、教程的基本构架

本书适用于实施教学、专业或非专业设计人员学习参考，为读者提供了家具设计的基本理论和设计方法。试图避免单调的设计方法和惯常的思维方式，每一个单元中丰富的图例以及大量的古今中外设计师的优秀作品都为读者在设计的方方面面提供了创意思维的途径，希望使读者受到启发，在阅读过程中你会感受到。

每一个教学单元都有明确的单元教学目标、教学要求、应该把握的重点、单元小结以及作业练习和给学生的思考题。

四、教程实施的基本方式与手段

实施教程教学的基本方式：教师讲授、古今中外优秀设计作品赏析、课题讨论、案例教学、实践教学、市场调查以及课题设计等。本教程注重基本理论、基础知识的教学和对学生基本技能的训练。在教学过程中，建议教师使用多媒体教学手段进行直观教学，重视实践教学以培养学生的设计表现能力。

五、教学部门如何实施本教程

本设计教材具有很强的应用性。内容、结构体系完整，教学部门可以直接运用于设计教学活动，运用时可根据实际情况结合本教程实施教学。建议加大实践教学学时，学生在课程实践的过程中才能真正感受到设计的乐趣，真正体会到实现设计的成就感，体现出本课程的教学效果。

六、教学实施的总学时设定

本课程总学时设定64至80学时。家具设计课程是室内设计专业方向的一门专业课程，在整个课程体系结构中具有重要地位。学习室内设计如果不懂家具设计、不懂家具在室内空间中的分割作用，就学不好室内设计。但家具设计也不是一门短短几十学时就能学好的课程，但至少能懂得家具设计的基本原理和基本设计原则，为今后继续学习奠定基础。

七、任课教师把握的弹性空间

在教学计划规范的前提下，教师的教学应该是具有个性化的。教师在讲授理论部分时，深浅的程度、延伸的程度可根据教学对象灵活掌握；教程中的建议和作业，任课教师可根据实际情况进行调整，组织教学的形式希望有更多创新；更希望在教和学的双方留出更多的发展空间，使教师和学生有更多选择。

家 具 设 计 概 论

　　家具是人类生活中不可缺少的物质器具，它伴随人类的出现而出现，社会的发展而发展。它使人们的生活方便而舒适，为人们的工作创造了便利的条件，提高了人们的工作效率。家具经过数千年的发展，早已不再是简单的功能物品，已经具有了丰富的信息载体的功能，成为一种文化形态。家具的设计自然会受到社会意识形态与人们的心理、风俗习惯、生产方式和审美情趣的影响。家具设计不仅要求符合造型、色彩上的美的原则，而且在制作上也要求具有精湛的工艺水平，家具综合体现了社会发展各个历史时期的审美意识、科技水平和功能需求。

　　家具不是简单的功能性的物质产品，它不仅仅满足某种特定的用途，同时它还具有精神功能的作用，是大众文化和艺术性表现的载体，能满足人们的审美和心理需求。完整的家具是材料、工艺、设备、化工、电器、五金、塑料等原料和技术的综合体现，既是物质产品，又带有很强的艺术性。家具的类型、数量、功能、形式、风格和制作水平以及当时对家具的占有情况，从一个侧面折射出一个国家、一个地区，在某一历史时期人们的生活方式、社会的物质文明程度以及历史文化特征，同时还反映出生产力的发展水平，所以说家具凝聚了丰富而深刻的社会性。家具作为物质文化的一部分，反映了不同民族、不同国家和不同历史时期的传统特点和成就。

　　家具和人类关系密切。据国外有关家庭问题专家的统计，大多数社会成员每天与家具接触的时间占全部时间的2/3，这就要求家具的造型、布置对人的符合度越来越高，人体工程学运用于家具设计就显得极为重要。

　　在室内环境的陈设中，确定了空间范围后，家具和陈设就是主要的设计对象，依据人的活动、生理以及心理的需求所设计的家具在空间中的排列设计，对整个空间的分隔影响是举足轻重的，家具是室内环境功能的主要构成要素和体现者。

　　家具的功能我们可以将其分为实用功能和精神功能两种：实用功能包括为人类日常生活服务、分隔与充实空间、组成和划分不同的功能区域；精神功能包括审美情趣的物化、时尚与传统信息的传递、营造氛围、展现意境和景观的要素。家具是服务于人的，家具的实用性是家具设计的基本要求。

一、家具设计的概念与内容

（一）家具的概念

家具又叫家私，家庭用的器具。广义的家具指维持人们正常活动、生产实践和社会活动中所不可缺少的一类用具。狭义的家具是指在生活、工作或社会活动中供人们坐、卧以及支撑和储存物品的器具与设备。

从古到今，家具无时无刻不存在于我们的生活中，家具以其独特的功能一直影响着我们生活的方方面面，如工作、学习、科研、社交、旅游、娱乐、休闲等一切活动，并且随着社会的进步、科学的发展而不断更新、细化，来满足不同使用群体日益增长的心理和生理需求。

（二）家具的构成要素

材料、结构、功能、外观形式四种要素组成了家具，其中功能是推动家具改良和发展的重要因素，结构是实现功能的基础。四种要素相互联系又相互制约。

1. 材料

材料是构成家具的物质基础。纵观家具发展史，家具的制作材料反映出当时的生产力发展水平。原始社会，人们用石头、木材、皮革等天然原料作为制造家具的材料，那时的家具也十分原始、简陋；当冶炼技术出现后，人们又将金属材料应用于家具的制造上；随着塑料的发明和应用，又出现了塑料家具；如今，人们用于制造家具的材料已十分丰富，除了木材、金属、塑料以外，竹、藤、玻璃、橡胶、织物、装饰板、皮革、海绵等材料的应用也很广泛。然而，并非任何材料都可用于家具的生产，应该有以下一些考虑：

加工的工艺性 制造家具的材料加工的工艺性直接影响到家具的生产。比如木材在加工过程中的水分就会产生缩胀性、各向异性、裂变性以及多孔性而直接影响家具的成形；又比如塑料材料要考虑到其延展性、热塑变形性等；玻璃则要考虑到热脆性和硬度等。

质地和外观质量 材料的质地和肌理在很大程度上决定了产品的外观和质量给人的感受。比如木材绿色环保、纹理自然、美观、手感好，易于加工和着色，是加工制造家具的上等材料；又比如塑料及其合成材料具有模拟各种天然材料质地的特点，并且具有良好的着色性能，但有易于老化、受热变形等缺点，使用寿命和使用范围也会受到限制。

经济性 指家具材料的价格、加工制造家具的劳务费、材料的利用率以及材料来源的丰富性。

强度 就是要考虑家具的握着力、抗劈性能及弹性模量。

装饰性 一般情况下，表面装饰性能是指对家具进行涂饰、胶贴、雕刻、着色、烫、烙等装饰的可能性。

2. 结构

家具的结构是指制造家具所使用的材料和构件之间的组合连结方式，是根据家具的使用功能而形成的结构系统。这个系统包括家具的内在结构和外在结构。

内在结构是指组成家具的零部件之间的某种结合方式，组合结构方式的变化取决于科学技术的发展带来的材料的更新，不同材料制造的家具在组合结构方面都有自己的特点。

家具的外在结构直接反映家具的外观造型，形成与人们的某种使用关系，这就要求家具在尺度、比例和外形上都必须与使用者的人体尺度、比例以及活动的需要相适应，即家具的外在结构必须与人体的解剖尺寸、姿态动作、活动范围和生理机能相适应，储物类家具还必须与需要存放的物品尺寸相适应，同时还必须方便使用者存取，满足人体使用家具的方便性。

3. 功能

家具是为了供人们使用而设计制造的，必须具有一定的功能性，功能是家具设计的先导，是家具发展的内在动力。因此，在设计家具时，首先应从实用功能出发，从使用者出发，在此基础上，选择材料、结构和外观形式。

一般来说，家具产品的功能分为四个方面：技术功能、经济功能、使用功能和审美功能。物质方面的因素包括技术功能和经济功能，与人方面的因素包括使用功能和审美功能。

4. 外观形式

家具的外观形式指的是，家具的功能性和结构性在使用者面前的直观展示。外观形式依附于结构，特别是外观结构。但外观形式和结构之间并不存在一一对应的关系，外型各异的家具往往可以采用同样的结构来表现。例如：椅子、梳妆台、书桌等。

家具的外观形式又是功能的外在表现，同时具备认识、审美和信息传递的作用，形成某种情调氛围，给人们带来美的享受。

（三）家具设计的概念与内容

家具设计就是家具产品生产前的创意、计划，并应用形式语言将创意视觉化。家具的设计包括两层含义：一是在满足实用功能基础上的产品的审美体现；二是研究家具生产过程中的技术问题。家具具有两重性，即实用性和审美性，既要满足人的生活和工作需要，又要求具有美观的造型。

家具的艺术设计：家具的艺术设计即是对家具的形态、色彩、肌理、装饰等外观形式的诸要素进行设计。设计过程围绕一个中心：比例与尺度的和谐。

造型（形态、体量、虚实、比例、尺度）

色彩（整体色调、局部色调、着色方式）

肌理（质感、纹理、光泽、触感、舒适感、亲和力、冷暖感、柔软感）

装饰（装饰形式、装饰方法、装饰部位、装饰材料）

家具的技术设计：就是如何使家具的功能最大限度地满足使用者的需要；如何选用材料和设计合理的结构；如何保证家具的强度和耐用性。整个设计过程围绕一个中心：结构与尺寸的合理性。

功能（基本功能、辅助功能、舒适性、安全性）

尺寸（总体尺寸、局部尺寸、装配尺寸、零部件尺寸）

材料（品种、规格、含水率要求、耐久性、理化性能、力学性能、加工工艺性、装饰性）

结构（主体结构、部件结构、连接结构）

家具设计市场价值：即对家具产品进行成本核算、质量评估和市场调研，设计的前提是在不影响产品质量的基础上，提高经济效益。

家具技术设计和艺术设计是提高产品市场价值的重要途径。在生产和销售过程中这两重性就显得尤为重要，只有两者的完美结合才会在市场上形成强大的竞争力。

二、家具设计的基本原则

家具设计的目的是为了满足人们生活、工作和社会活动的需要，为了满足人们生理和心理的需要，为了满足和引领人们新的工作方式和生活方式，使人与环境相互协调。除此之外，家具作为商品必须遵循市场规律，适应市场的需求，因此，在设计过程中必须遵循以下原则：

（一）实用性

家具设计首先要有使用的需求，同时又要有实用的满足，即必须满足实用这一本质属性。实用性是家具设计的先决条件，实用又对家具设计提出了要求，也就是说家具设计必须符合人体的形态特征，适合人的生理条件，为人提供使用的方便，这要求结构稳定和足够的强度。

（二）艺术性

美观和实用构成了家具设计的全部，家具的审美性主要是指外观设计符合形式美的一般规

图1-1 "广福"椅,由薄木片(桃花心木)构成,椅座以小牛皮包裹覆盖,造型奇特,两侧翻转的曲线弧度的扶手引人注目。(设计师:沙渥亚,设计时间1993年)

律,例如统一、变化、对称、均衡、稳定、和谐等形式法则,装饰和点缀做到恰如其分。作为现代家具的设计,提倡以人为本,设计中注意整体与整体、整体与局部、局部与局部之间的协调、对称、均衡与稳定和材料的质感与肌理的运用以及与室内环境的和谐配置。美观作为构成家具的功能要素之一,设计者往往都十分重视,总是尽量使外观的设计更加具有美感,使人们在选择时有看点,往往第一印象很重要,直接影响到消费者的购买行为。(图1-1)

(三)工艺性

家具设计与加工工艺密切相关,加工工艺性分为两个方面:一是材料的加工工艺性;二是家具的整体或零部件外形的加工工艺性,这点应尽量避免形体繁琐、结构复杂,要求线条简洁、表面平整、制作方便,有利于减少手工操作和劳动消耗,降低成本,提高工作效率,还有利于产品的包装、运输和储存。家具设计的工艺性同新材料、新结构、新工艺、新设备结合紧密,新材料带来新设备和新工艺,尽量做到材料的多样化,产品的标准化,零部件的通用化,结构的可拆装互换性,使所设计的产品与现有的生产设备、工艺条件和技术水平相适应,使设计与生产相适应。(图1-2)

(四)经济性

对设计者而言,针对目标消费群,设计与目标消费群的购买实力相适应的家具;对厂家而言,尽量达到高质量、低消耗。

(五)商品性

指设计者必须在市场调查的基础上,在了解、掌握市场动态的基础上,在懂得市场营销和消费心理学方面的知识的基础上,设计出受市场追捧的、消费者喜欢又买得起的特色家具。

家具设计的原则归纳如下:

实用性:满足使用要求,保证结构稳定,具有相应的强度。

艺术性:具有独特的个性,鲜明的时代特征,宜人的色彩,有形式美感,材料的质地美。

加工工艺:材料的多样化与特性,零部件的系列化、通用化,结构的拆装互换性,生产过程的机械化和自动化程度,产品的包装和运输。

经济性:减少原材料的消耗,减少工时,提高效率。

商品性:迎合消费者心理,符合消费者要求,适应市场变化,有利于创造出品牌。

三、家具设计的基本程序

(一)家具设计的方法

外观设计与人们的生活习惯、使用习惯密切关联,也与生产技术、材料的应用相关联。

改进设计是在研究原来产品的基础上,根据人们新的使用

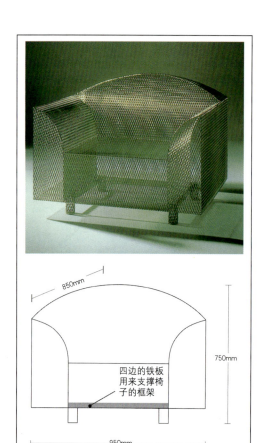

850mm

750mm

四边的铁板
用来支撑椅
子的框架

950mm

图1-2 "明月"椅,此椅是用布满小洞的锻钢制成,是设计师毕生中最能代表他极简抽象派艺术风格的作品。(设计师:莎罗·坤马特〈Shiro Kuramata〉日本人,设计时间:1986~1987年)

要求进行改进，以适应人们新的生活方式和习惯。

开发设计是指从生活中受到启发，开发出具有创意的产品，从而提高工作效率，丰富人们的生活，提高生活质量。

观念设计指通过设计者的能力所能预见的范围，来做未来人们生活的设想，设计超前意识的产品，无需考虑现有的生活水平、生产技术水平和材料状况。

（二）家具设计的步骤

家具设计的步骤是设计者创意构思以及包括制图在内的一系列过程，步骤为：新产品的设想——构思和确定方案——绘施工图——样品制作——成本核算——产品试产试销——完成设计——编写产品说明书。

1. 新产品的设想。按照专利法的规定，新产品就是指某一产品具有"新颖性、创造性和实用性"。新产品的设想阶段就是设计前的调研阶段，主要是了解目标消费地区和目标消费群体的风俗习惯、气候条件、居住环境、国民生活水平以及市场销售情况，了解消费者使用的同类产品或相近似产品的情况，在分析调研的基础上做出科学的市场预测。

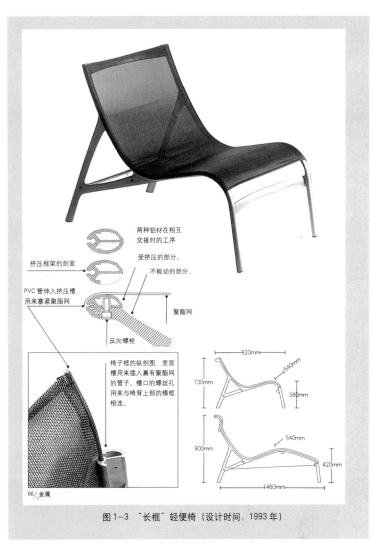

两种铝材在相互交接时的工序
挤压框架的剖面
受挤压的部分。
不能动的部分。
PVC管伸入挤压槽，用来塞紧聚酯网
聚酯网
反向螺栓
椅子框的纵剖图，里面槽用来插入裹有聚酯网的管子。槽口的螺丝孔用来与椅背上部的横框相连。
66/金属

920mm
540mm
730mm
380mm
540mm
900mm
420mm
1460mm

图1-3 "长框"轻便椅（设计时间：1993年）

新产品的设想包括 ① 研究消费者——购买动机、购买意向、购买态度、购买倾向反馈；② 竞争对象调研——产品的市场占有率、竞争对象的优势、自己的优势；③ 研究市场——市场变化趋势、广告投放策略、销售方式、销售数量、售后服务。

2. 构思和确定方案。在市场调研的基础上，将信息进行梳理、归纳、分类、分析处理，针对市场需求，分别采用草图、方案图、效果图、立体图或模型等方法做成多种方案，并广泛征求意见，确定最佳方案。

构思和确定方案包括：① 构思——对原有产品进行综合构思、对原有结构改造的构思、对原有产品肌理改变的构思、全新的产品构思；② 草图——结构草图、效果图；③ 立体构成或模型——比例、尺寸关系，体量，虚实关系，色彩、装饰效果；④ 方案图——简单视图、总体结构装配草图、零部件结构草图、彩色效果图；⑤ 分析确定方案——功能评估、创新评估、新材料的应用评估、生产工艺性评估、标准化程度评估、经济效益评估、产品竞争

力评估。

3. 绘制施工图。施工图设计阶段是将分析确定的最终方案绘制成正式的结构装配图、部件结构图以及特殊形式的零件图或大样图，形成正式的技术文件。

图纸的主要内容为：① 装配结构图——比例、尺寸、三视图、局部结构放大图、装配关系图、技术要求、标题栏；② 部件结构图——比例、尺寸、局部结构放大图、技术要求、标题栏；③ 零件图；④ 大样图。（图1-3）

4. 样品制作。样品即根据施工图加工出来的第一件产品。样品制作可在样品制作间进行，在车间生产线上逐台设备加工，最后进行装配，一方面，这样便于在试制的过程中检验设计的可行性；另一方面，如果设计者参与试制，就便于在试制后对施工图进行局部修订。有时为了避免过多修改施工图，也可在样品试制好后绘制施工图。样品制作完后应进行小结。

样品制作阶段包括：① 样品制作——选材、配料、加工、装配、涂饰、修整；② 试制小结——零部件加工情况、材料使用情况、尺寸更改情况、外观评议、工艺审查评议、表面理化性能检测情况、质量标准、提出存在的问题。

5. 成本核算。成本核算应参照有关财务制度和表格形式进行精确的计算。计算中的某些参数与规定，如税率和价格应与当时的物价政策和行情相一致。

经济分析：① 成本核算——固定费用（管理人员工资、基本折旧费、大修基金、管理费、保险费）、可变成本（原辅材料消耗、五金配件消耗、工人工资、税金、水电费、其他）；② 经济分析——改进质量增加的生产费用（检测工具、工时等），改进质量增加的材料费用，改进质量增加的废品率、次品率方面的损失，改进质量后的价格提高、新产品的利润率。

6. 新产品试产试销。新产品试产试销是产品设计工作的延伸阶段，也是下一个新产品设计的开始，产品设计成功与否，市场就是试金石。无论产品的销售情况如何，收集市场信息反馈十分重要，通过对反馈的信息进行分析、总结，在进一步改进的同时着手构思下一步的产品设计。

① 试产——设备、人力调整、工艺卡的修订、小批量生产；② 试销——参加展销会、自办展销会、广告宣传、组织订货会。

7. 编写产品说明书。当产品设计完成后，把产品的功能及使用方法等编写入书，以便消费者对产品有更清楚的认识，从而促进产品的销售。

四、家具的功能与家具的分类

（一）家具的功能

1. 物质功能。家具是人们日常生活中的一种器具，它必须要实用，即具有使用功能。

2. 精神功能。为人们在工作、生活中提供方便的同时存在一定的审美性，即能满足人们的心理需求。

（二）家具的分类

由于家具的材料、结构、使用场合、使用功能的多样性，导致了家具的多样化，如果用一种方法将家具分类是很难的。为了对家具的类型有一个整体的了解，形成完整的概念，我们从不同角度对家具进行分类。

1. 按功能分类

① 支撑类家具：以椅、凳、沙发和床为主的供人坐、卧的家具。

② 储存类家具：以箱、柜为主的储藏、陈列物品用的家具。

③ 凭依类家具：以台、桌类为主的依靠用的家具

2. 按家具的固定形式分类

① 移动式：所有放在地面上可以移动的家具。

② 固定式：嵌入式或壁柜与地面、天花板等用螺钉固定的不可移动的家具。

③ 悬挂：用某种挂拉形式将家具悬挂在室内的墙壁或天花板上的难以移动的家具。

3. 按结构分类

① 筐式家具：以榫结合为主要特征，木方通过榫结合构成承重框架，通过木板围合于框架之上的木质家具。

② 板式家具：运用专用的连接件或圆榫将各板式部件连接、装配起来的家具。板式家具又分为可拆装型和非拆装型两种。

③ 叠家具：可以折合或叠合的家具。

4．按材料分类

① 木家具：以木材或木质材料（用木材作为原料加工的胶合板、纤维板、刨花板、细木工板等人造板材）为基材生产的家具，在家具中占主导地位。

② 竹藤家具：以竹材或藤材为主要原料的家具，多为椅、凳、沙发和小桌类，也有少量柜类。

③ 金属家具：以金属材料作为骨架的家具，常与玻璃、人造板结合制作家具。

④ 塑料家具：以塑料为主要基材的家具。包括模压、挤压成型的硬质塑料家具、有机玻璃家具、玻璃纤维钢壳体家具，以及用发泡塑料制成的软体家具。

5．按使用场合分类

① 民用家具：卧室家具、起居室家具、书房家具、餐厅家具、厨房家具、儿童家具。

② 公用家具：旅馆家具，办公家具，图书馆家具，学校家具，影剧院家具，体育馆家具，医院家具，幼儿园家具，展览馆家具，商业家具。

五、家具与人、室内环境（陈设）的关系

（一）家具与人的关系

家具是人类从事活动的生活器具，从远古到现代，人类尽其所能地利用自然物质为自己服务，例如石凳、石桌、树桩等。随着社会的进步和社会生产力的发展，人们利用各种材料设计制造了种类繁多、形式多样的家具为自身的生活和社会活动服务，家具被广泛使用于人们生活的各个方面，即日常生活、工作、学习、交往、科研、旅游、娱乐休闲等衣食住行的各种活动中。

（二）家具与室内环境的关系

家具具有双重功能——使用功能和可供人们欣赏的精神功能。家具体量较大，本不属于陈设的范畴，由于现代家具的发展及人们生活的需要，使得一些原有的家具演变成了壁橱和固定的设备（厨房家具），但绝大部分还是可以移动的。随着时代的发展、人们越来越高的个性化的审美需求，有的家具已演变成集使用、审美于一体的陈设品。例如一些经典的古代家具和著名设计师的形式优美的作品等，多陈列于公共场所，或显示主人的身份、地位和文化素养，或反映企业的精神面貌和经济实力。在室内环境中，家具与室内空间、界面和陈设共同完成室内氛围的营造。（图1-4、图1-5）

图1-4 储秀宫一角（清）

图1-5 金属格架构成的现代书房陈设（设计：郭振宇）

单 元 教 学 导 引

目标	通过实施教学，使学生全面、整体了解家具设计这门课程的学习内容，即了解家具设计的基本概念和设计内容，家具设计的基本原则，家具与人的关系、家具与室内环境的关系等；树立学生良好的整体设计观念，培养、提高学生对家具设计课程的学习兴趣。
要求	在教学过程中，任课教师应根据单元教学内容要求，在理论讲授的同时运用多媒体进行直观教学，即用设计作品分析配合理论讲授，这样才能避免理论讲授的枯燥无味。
重点	本单元讲授了家具设计的基本概念与设计内容，家具设计的基本原则，家具与人的关系、家具与室内环境的关系等。重点是家具与人的关系、家具的功能性，这是学生必须建立的设计理念，家具设计离不开人以及人的使用。
注意事项提示	本单元从理论上整体、全面地阐释了家具设计课程的学习内容。任课教师在实施教学过程中，应注重引导学生学习、理解单元内容的同时，注意思维的连贯性，不能孤立的就某一点或某一个概念去认识、理解。
小结要点	建议任课教师从以下几个方面小结：学生的学习状态；对课堂讲授的认知度；学生对基本理论、重点的把握情况；学生作业的情况等。

思考题：

1. 为什么说功能性是家具设计最重要的因素？

2. 人与家具的关系如何？家具与环境的关系如何？

学生课余时间练习题：

1. 欣赏、分析一件明清家具。

2. 欣赏、分析一件现代家具。

本单元作业命题：

用草图表现的方式设计一件自己喜欢的家具。

作业命题设计的原由：

感受家具、注重了解家具的结构表现，体会家具的功能结构与人的关系。

命题设计的具体要求：

可以是现实生活中有的，也可以是表现自己独特创意的概念家具。

命题作业的实施方式：

手绘。

作业规范与制作要求：

用3号绘图纸，作三视图、透视图，在结构的关键部位要求画详图、大样图。

单元教学测试：

徒手画自己理解的家具，任课教师考查学生对家具的理解和感受。

任课教师不对设计作品好坏作任何提示与暗示，由学生自由做出判断。

测试完成后，任课教师做总结，提出做出判断的标准。

建议测试纳入学生课程的平时成绩。

家 具 的 设 计 原 则

一、功能性是家具设计的主导前提

（一）实用性原则——功能为主

实用是家具的固有属性，物质功能作用是家具设计不容忽视的，家具首先要实用，要能给人们的生活、学习、工作带来方便，这就要求家具的设计满足人体活动的需求。

1．家具设计符合人体工程学要求

家具设计首先要研究家具与人体的关系，了解人体的构造及构成人体活动的主要组织系统。

人体基本知识　人体是由骨骼系统、肌肉系统、消化系统、血液循环系统、呼吸系统、泌尿系统、神经系统、感觉系统等组成的。这些系统像一台机器的各个零部件互相配合、相互制约，共同维持着人的生命和完成人体的活动，这些组织系统里的骨骼系统、肌肉系统、神经系统、感觉系统与家具设计密切相关。

骨骼是人体的支架，骨与骨之间连接的是关节，人体是通过不同类型和不同形状的关节进行曲伸、回旋等各种不同的动作，而这些局部的动作组合形成了人体的各种姿态。家具设计要讲究实用性，必须测定人体的比例、人体的尺度。要适应人体活动的需要和撑托人体的动作姿态，就必须研究人体各种姿态下的骨关节运动与家具的关系。

2．考虑使用辅助功能（组织和分隔空间、填补空间、间接扩大空间）

组织和分隔空间　在一定的室内空间中，由于人们的活动和生活方式的多样性，同一室内空间要求具有多种使用功能，要能合理地组织和满足多种使用功能，提高室内空间的灵活性和使用率，就必须依靠家具的布置来实现。尽管家具不具备封闭和遮挡视线的功能，但可以围合出不同用途的使用区域，可以重新组织人们在室内的行动路线，在心理上划分出相对独立的、不受干扰的虚拟空间，同时也能改变过于空旷的空间感觉。例如在宾馆大堂围合出一个供宾客休息、会客、等候的空间；在会议室里，利用会议桌加上周围的坐椅围合成一个向心的聚在一起讨论的空

间；在教室里，可以利用桌椅的布置来组织通行路线，用讲台布置划分出讲学区域。（图2-1）

填补空间 室内氛围的形成得益于家具的布置和空间界面的塑造，在空间构成中，家具的大小、位置成为构图的重要因素。如果家具组合不协调，就会造成轻重不匀、心理失衡。每当这时，我们就可以应用一些辅助家具，如柜、几、架等设置于空缺的位置和恰当的墙面上，使空间布局取得均衡稳定的效果。另外，一些看似无用、难用的空间，只要布置合适的家具后，这些空间就变成了有用、易用的空间。如坡屋顶住宅中的屋顶空间，其边沿是低矮的空间，我们就可以布置床或者沙发来填补这个空间，因为这些家具为人们提供了低矮活动的可能性。（图2-2、图2-3）

间接扩大空间 用家具扩大空间是以其多用途和叠合空间的使用及储藏性来实现的，在住宅室内空间中，用家具来扩大空间是很有效的方法。主要方法有以下几种：

固定的壁柜、吊柜、壁架等家具可以被充分利用来作为储藏空间，而这些家具还可利用过道、门廊上部和楼梯底部以及墙角等闲置空间，从而起到扩大空间的作用。

家具的多功能用途和折叠式家具能将本来平行使用的相加的空间叠合使用。例如翻板书桌、多用沙发、折叠椅、组合柜中的翻板床等等，它们可以使空间在不同时间作多种使用。

嵌入式衣柜，由于柜面内凹，使人的视觉空间得以延伸，起到扩大空间的作用。

图2-1 乾隆御书《夜亮木赋》围屏，共八扇，可折叠。

图2-2 《创造亚当》矮桌（设计：米开朗基罗）

图2-3 花梨回纹香几（清代）

（二）装饰性原则

家具具有精神功能。自古以来，人类在创造物质文明的同时就注意到了精神文明的创造，有物就有形，家具除了特有的造型具有使用功能外，同时也具备了审美的意义，使家具在实用的基础上成为人们喜爱的物品，具有一定的装饰性。

1. 陶冶人的审美情趣。家具是一种大众化的工业产品，男女老幼、不同文化层次、不同职业、不同爱好和不同习惯的人随时都会接触家具，不同的人有不同审美情趣。尽管我们的家具设计千变万化，式样繁多，也还远远满足不了人们的需求，人们只能在有限的产品中选择。人们选择自己喜爱的家具，同时，家具的艺术性也在吸引着人们，感染着人们。（图2-4）

家具是一件件实用的艺术品，它默默地渗透着、承载着、传承着历史文化，艺术的风格流传至今，人们经常接触艺术性较强的家具，会潜移默化地被感染和被熏陶，使其越看越好看，越看越爱看。使用家具的过程，也是提高艺术修养的过程。

2. 家具能营造特定的环境气氛，同时也反映出一定的文化：传统的、现代的、民族的。由于家具有这样的特性，在室内设计中，常常利用家具来加强设计的环境文化氛围的营造。在一些大型公共环境中，要体现地方性和民族性，在建筑层面不能处理的情况下，往往都是采用家具的布置来实现的，例如用装饰有花鸟或山水画的屏风来分割空间，营造氛围。有特色的室内界面的精心制作与氛围的营造和具有强烈风格的家具是分不开的。

3. 调节室内环境色彩。在室内设计中，室内环境色彩是由构成室内环境的各个元素的材料固有颜色所共同组成的，其中包括家具的颜色。由于家具的陈设作用，使家具的色彩在整个室内环境中具有举足轻重的地位。在室内设计中，我们常常运用"大调和，小对比"的原则，小对比的手法往往就是通过陈设和家

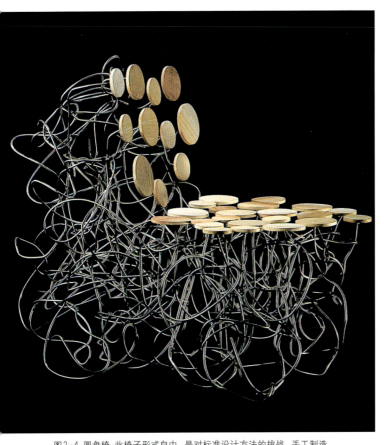
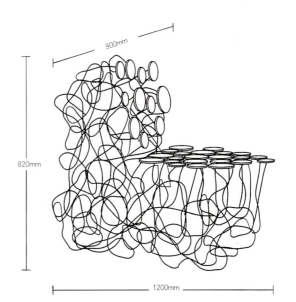

图2-4 圆盘椅，此椅子形式自由，是对标准设计方法的挑战，手工制造，创意独特。（设计师：菲南多·坎帕尼亚〈Frnando Campana〉巴西人，宏班托·坎帕尼亚〈Humberto Campana〉巴西人，设计时间：1992年）

具来实现的。例如：在色彩沉稳的客厅里，摆上一组色彩亮丽的沙发，可以起到振奋精神、吸引视线，从而形成视觉中心的作用。（图2-5、图2-6）

二、技术与工艺（物质技术材料基础）

（一）家具的构造（工艺处理）

1. 框架式构造

框架式构造是木制家具的主要结构形式，也是传统家具的典型结构模式。有两种主要的结构形式：一种是木构架梁柱结构，即由家具的立柱和横木组成的框架来支撑荷重，板材在其中起分隔和封闭的作用；另一种形式是运用框架组成家具的周边，在框架内嵌板以分担横撑和竖撑所承受的荷重，即箱框板材结构。框架结构以榫结合为连接方式，类似中国古建筑木构架梁柱结构那样，传递载荷清晰合理。（图2-7、图2-8）

榫接合是将榫头涂胶后压入榫眼内的连接方式，整体接合强度高，一般框架的结合常采用单榫和双榫，而箱框板材的角结合则多采用多榫或燕尾榫，如柜体、木箱、抽屉等。中国传统家具的榫接形式复杂而多样。（图2-9）

图2-5 "等待"系列沙发（设计：多朵尼）

图2-6 紫檀嵌玉石花卉图围屏，共九扇，活页八字形。（清乾隆）

图2-7 紫檀棂门柜格（清）

图2-8 填漆戗金花蝶图博古格（清雍正）

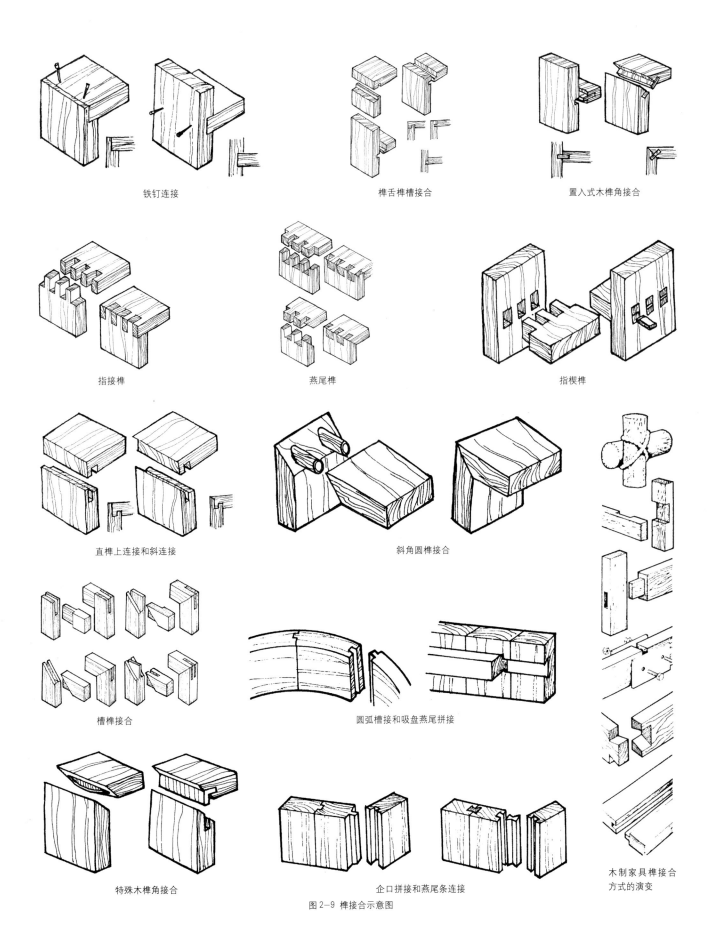

铁钉连接

榫舌榫槽接合

置入式木榫角接合

指接榫

燕尾榫

指楔榫

直榫上连接和斜连接

斜角圆榫接合

槽榫接合

圆弧槽接和吸盘燕尾拼接

特殊木榫角接合

企口拼接和燕尾条连接

木制家具榫接合方式的演变

图 2-9 榫接合示意图

2．板式构造

由板材形状的部件通过各种不同的连接方式组成的家具，是家具的内外板状部件都要承重的一种结构形式。特点是结构和加工工艺具有规范性、简洁性，便于机械化批量生产。板部件本身的结构和板部件之间的连接结构，组成了板式家具的基本结构。

板结构：板式家具的主要部件都以板的形式出现，因而主要工艺是板的制作。板部件必须能承受一定荷载，板部件要有一定的厚度，同时，在装置各种连接件时不影响板部件自身的强度。其次保证连接质量和美观，板部件要求平整，不变形，板边光洁。（图2-10）

板的连接结构：板部件之间的连接依靠紧固件或连接件，采用固定或拆装的连接方式，板件之间的连接必须具有足够的强度，使家具不至于摇摆、变形。

3．拆装式构造

拆装式构造家具早在我国古代就已存在，而在现代家具更为普遍。家具各零件、部件之间的结合由连接结构件来完成，根据运输的便利和某些功能的需要，组合成可以进行多次拆卸和安装的家具。框架结构和板式结构的家具中多有拆装形式存在，特别以板式家具居多。

拆装家具一定要做到拆装灵活和具有牢固性，要求部件加工和连接件加工十分精确，并且有足够的强度。拆装连接有三种类型：① 框角连接件，采用各种金属连接件结合。② 插接连接件，有直二向、直角二向、平四向以及它们的各种组合。③ 插挂连接件。由于家具所用的材料不同，拆装式家具运用的结构方式也有所不同。（图2-11）

图2-10a

图2-10b 红黑相间，分外有情，颇具特色的书柜。（设计：陈超）

图2-11 紫檀条案，案面、牙子和腿均可开合。（明）

4．薄壁成型式构造

用玻璃钢制造工艺、塑料吸塑或注塑工艺以及多层薄木胶合工艺制成的各种家具属于薄壁成型构造家具。例如适合人体曲面的椅子靠背、座位面板或靠背与座面连体的薄壳构件。用各种钢管支架固定制成的家具也属于此类。例如沙滩椅、茶几等。这类家具的特点是：质轻，便于搬动，甚至可做成叠积结构，适于储藏。由于是压模成型，造型生动流畅，色彩鲜艳，是室内环境氛围的有效点缀。（图2-12、图2-13）

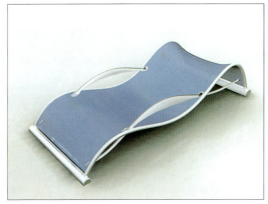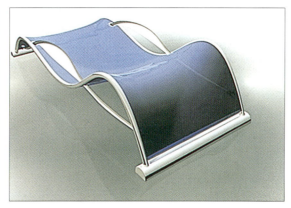

图2-12 "安乐"椅（设计者：王成）

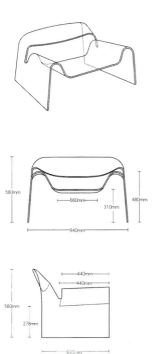

图2-13 "魔鬼"扶手椅，这把椅子是整块玻璃在熔炉内弯曲成型的。（设计师：西尼·博埃利·马利阿尼〈Cini Boeri Mariani〉意大利人，托马·卡塔亚那吉〈Tomu Kataganagi〉日本人，设计时间：1987年）

图2-14 黑光漆三联棋桌（明万历）

5．折叠式构造

折叠式构造的家具在我国古代也早已有之，现代设计中这种构造形式运用也更加广泛。折叠式家具常见于桌、椅、床类家具。特点是便于使用后存放和运输，占用空间小，多适用于餐厅、公共场所、会场等经常需要变换使用功能的场所，也适用于小面积住宅。折叠结构的家具有叠积式、折叠式和调节式三种。

① 折叠式家具：有金属和木制两种，结构部件的结合点是可转动的，一般用铆钉结合或螺栓结合。折动结构一般都有两条和多条折动连接线，在每条折动线上可设置多个折动

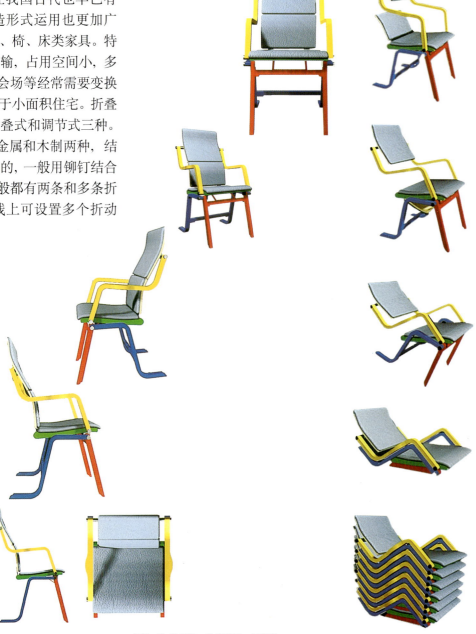

图2-15 季风椅，结构简洁，可叠放。
（设计者：王华）

点，但必须使一个家具中一条折动线的折动点之间的距离之和与另一折动线的折动点距离之和相等，这样才能使家具折得动，合得拢。（图2-14）

② 叠积式家具：在设计时要保证叠动的灵活性，同时，还要保证家具使用状态的各种标准尺度。叠积家具的结构形式在设计时要考虑自身叠积的整体结构、叠放后整体的重心偏移程度。重心偏移越小叠放的件数越多，通过叠积，节约了面积，方便了运输。叠积家具以柜架和轻便座椅居多。（图2-15）

③ 调节式家具：纯功能性地折动家具的某些部件，以达到人体使用的最佳状态，这是调节式家具的特点，也是现代家具设计结合人体工程学的进步。利用五金零件作机械性操作，变动其位置和高度，例如座椅的高低调节，靠背的上下与斜度调节，床面的折起等等。（图2-16）

6. 充气式构造

由各种气囊组成的家具（需配备打气泵）。适合旅游用，常见的有各种沙滩躺椅、轻便沙发、气垫床等。便于携带、收藏。

7. 整体浇铸式构造

以塑料为原料，在定型的模具中进行发泡处理，脱模后具有承托人体和支撑结构功能合二为一的整体型家具。此类家具雕塑感强，也可设计成配套的组合部件块，用来组合使用。（图2-17）

图2-16 调节式智能椅（设计者：马志奇）

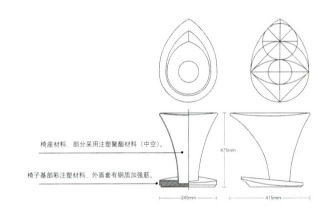

注塑聚酯材料（中空）。

一个弯曲的钢棒加强筋和钢套用来加固椅子的基部。

椅子的两部分（椅座和基部）是粘在一起的，可以有8种色彩的变化。

图2-17 "水滴"凳子，圆润的几何造型，结合了金属的弯曲和塑料的注塑技术而成型。
（设计师：法兰斯·万·帕瑞特〈Frans Van Praet〉，比利时人，设计时间：1994~1995年）

图 2-18 填漆描金花卉纹格（清雍正至乾隆）

图 2-19 紫檀银包脚双龙戏珠纹箱（清中期）

（二）常用家具的部件结构

1. 支架结构指支撑和传递上部荷载的骨架，例如柜类家具的脚架，桌、椅类家具的支架等。柜类家具的脚架，常见的有露脚结构和包脚结构两种，从材料的制作上又分金属和木制两种。（图2-18）

露脚结构：木制的露脚结构属于框架结构形式，常采用闭口或半闭口直角榫结合。一般脚与脚之间有横撑相互连接，以加强力度，脚架与上部柜体用木螺钉或金属连接件连接。

包脚结构：木制的包脚结构属于箱框结构形式，常采用半夹角叠接的框角结合。内角用塞角或方木条加固，也可采用前角全隐燕尾榫，后角半隐燕尾榫的箱框结合方式。（图2-19）

从材料的制作上讲（金属）：

金属制脚架：以钢管套接上部载体，用木螺钉连接。

金属制椅支架：由于材料的变化和工艺造型的变化，常通过将金属管件弯曲、焊接或铆接的方式，使支架构成完整的支撑体系。除此之外，有椅子腿装滑轮，支架可以旋转、升降的工作椅，其支架部分比较复杂，升降的方式有气压和液压两种方式。（图2-20）

2. 面板结构指家具可承托物件的部分以及家具外部面板。例如桌面、椅面、柜面以及板式家具的各个部件等等。木制家具的板面可分为实木板、空心板以及复合材料。（图2-21）

椅面结构：属于比较特殊的面板结构，它往往不是一种简单的平整面，从制作材料到构造方式都具有多样性。但总体上可分为厚型和薄型两种。厚型座面的制作材料一般是多种材料复合型的，多用于沙发和沙发椅；薄型座面一般材料较单一，常用于椅、凳、床面等。

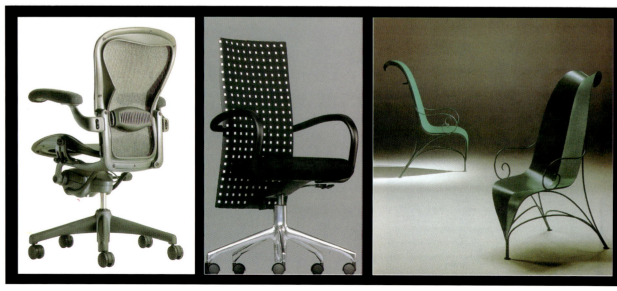

图 2-20 小沙发（设计师：柯内里）

图2-21 "T·4·1"扶手椅，具有美学价值的薄纸板椅，由两部分组成，一次性使用物品，经受得住一名成年人的体重。(设计师：奥里维耶·勒勃洛瓦〈Olivier Leblois〉法国人，设计时间：1995年)

第一批生产的椅子（使用一层纸板，比两层纸板重两倍）。第二批和现在生产的样子使用两层纸板，简化了的结构显示在图上。从技术角度来看，不一定确切。

椅背和椅座部分（虚线表示可折叠）。

椅子的两侧、把手和椅背的支撑部分。

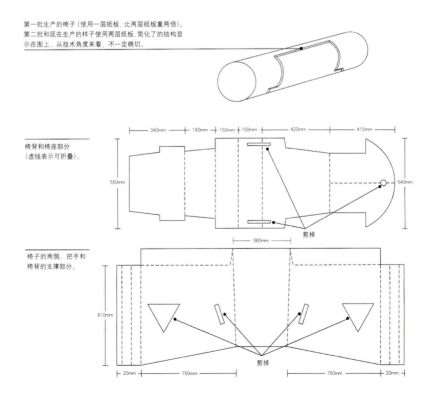

3. 抽屉结构

抽屉是柜类家具中的重要部件，由于使用功能性的特点，需要在使用时反复抽拉不至于结构变形。抽屉由屉面板、屉旁板、屉后板和底板构成，其结构多是框角榫结合结构，屉旁板与屉后板的结合，常用直角开口多榫或明燕尾榫，屉旁板与屉面板的结合主要有半隐燕尾榫、直榫、圆钉结合等。（图2-22）

4. 柜门结构

门是家具的重要部件，其品种、形式很多。有实板门、镶板门、空心平板门、玻璃门、百叶门等。开启的形式又分拉门、翻板门、平移门、卷门、折门等。（图2-23）

（三）家具的材料（材料的选择）

家具的材料主要分为两类：主材和辅材（附件）。而主材又因其材质的不同分为木材、金属、塑料、竹、藤等。附件主要指粘胶剂、五金配件、玻璃、皮革、纺织品等。家具的物质基础是由材料构成的。

图2-22 黑漆嵌螺钿描金平脱龙戏珠纹箱（明万历）

图2-23 黄花梨梅花纹多宝格（清晚期）

1. 木材

木材是家具用材中使用最为广泛的传统材料。至今仍然占主要地位。随着我国木材综合利用事业的迅速发展，各种人造板同时被广泛地应用于家具制造业，而新技术、新材料的应用也为家具制造提供了更多的可能性。

我国地域辽阔，树种繁多，适用于家具主要用材的树种约有30余种，主要有：东北的落叶松、红松、白松、水曲柳、榆木、桦木、椴木、柞木、黄波萝、楸木等；长江流域的杉木、木松、柏木、檫木、梓木、榉木等；南方的香樟、柚木、紫檀等。有许多名贵木材还需从东南亚进口，如柳安、柚木、花梨木等。

（1）木材优缺点及其选用

优点：木材质地轻而强度高。一般木材的密度常在 $0.5\sim0.7g/cm^3$，而其单位重量的强度却比较大。木材加工方便，也容易涂饰。木材由于它质轻，经采伐、干燥后便可用简单的手工工具或机械加工进行锯、刨、雕凿等，还可以用钉接、榫接、胶合等方法加以连接。木材由于它的纤维结构和细胞内部生成的气孔，起着隔声和绝缘的作用，因此导热慢，具有温暖舒适感。各种木材还具有天然纹理和色泽，表面肌理美观，具有不同的天然色泽，木材本色成为家具回归自然的一种流行色。油漆对木材的附着力强，着色和涂饰性能好。

缺点：木材具有吸湿性和变异性。木材易吸湿、变形。由于木材的结构具有毛细孔及管状细胞，因此极易吸湿受潮。一般木材的含水率在18%以下认为是干木，湿木的含水率在23%以上。由于木材的吸水性而造成木材的膨胀与收缩，形成开裂，甚至引起翘曲变形。且木材易腐朽及被虫蛀蚀。

因此，对木材的上述缺点必须经过各种加工处理，如人工干燥处理，防腐处理及木材的改性处理，木材经处理后，才能作为家具用材。

对家具用材选择的主要技术条件及适宜的树种如下：

木材的重量适中，木质细腻，纹理美观，材色均匀悦目；易加工，切削性能良好；吸水率小，即胀缩性和翘曲变形性小；具有韧性，弯曲性能良好；胶接、着色和涂饰性能好。

家具外部用材应选用质地坚硬、纹理美观的阔叶树材，常用的材种有水曲柳、柳安、榆木、色木、柞木、麻栎、黄波萝、榉木、橡木、柚木、花梨、紫檀等；家具内部用材可选用材质较松，木材的颜色和纹理不显著的针叶树材，常用的木材种类有红松、木松、白松、杉木等。

(2) 家具木材的规格

家具木材的规格有板材、方材、薄木、曲木和人造板材。

按材料断面的宽度和厚度之比在三倍及三倍以上的称为板材，而宽厚比小于三倍的称为方材。板材和方材是家具制作中最常用的材料，另外薄木、曲木和人造板材是家具用材中的特种材料，使用也较多。

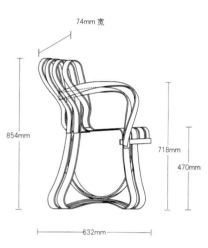

图2-24 "交叉"扶手椅，曲木加一种新胶的黏合，不使用金属扣件固定。(设计师：福兰克·格瑞 (Frank Gehry) 加拿大人，设计时间：1992 年)

薄木：厚度在0.1～3mm之间。为了提高贵重木材的利用率，发展了微薄木的应用技术，微薄木的厚度在0.1mm以下，需要作基底承托，然后组合成多层胶合。刨切薄木饰面的胶合板，扩大了木材树种的利用范围，也为家具表面提供了优质的装饰材料。

曲木：在家具生产中，经常会遇到制造各种曲线形的零部件，这就需要使用曲木。曲木的加工方式有两大类，一类为锯制加工，即用较大的木料按所需的曲线加以锯割而成，这种加工而成的曲木，由于木材纹理被割断而降低了强度，消耗的木料也大，而且加工复杂，锯割面的涂饰质量也差，因此这种加工方式已较少采用；另一类加工方式为曲木弯制方法，常用的有实木弯曲和薄木胶合弯曲两种加工方法。(图2-24)

A．实木弯曲，就是将木材进行水热软化处理后，在弯曲力矩作用下，将实木弯曲成所需的形状加以固定，然后干燥定型。采用实木弯曲的方法制作曲木，对树种和材质等级的要求较高，因此有一定的局限性。现已逐渐被胶合弯曲工艺所替代，即薄木胶合弯曲。

B．薄木胶合弯曲，该工艺是将一叠涂过胶的旋制薄木，先制成板坯，在其表面再胶合纹理美观的珍贵刨制薄木，然后在压模中加压弯曲成型。这种加工工艺具有工艺简便、加工曲率小、木材利用率高和提高工效等优点，主要可用于各类椅子、沙发、茶几和桌子等的弯曲部件和支架。

　　在家具制造中运用人造板大大提高了木材的利用率，并且有幅面大、质地均匀、变形小、强度大、便于二次加工等优点，人造板是制造家具的重要材料。人造板的种类很多，最常见的有胶合板、刨花板、纤维板、细木工板等。

　　胶合板：用三层或三层以上的奇数单板，纵横交叉胶合而成。各单板之间的纤维方向互相垂直，面层的板材常采用优质树种的薄木。胶合板的特点是幅面大而平整，不易干裂和翘曲，并且表面具有较好的装饰效果，适用于家具的大面积板状部件。常用胶合板的规格为：915mm × 1830mm 和 1220mm × 2440mm。

　　刨花板：利用木材采伐和加工过程中的边角废料、小杂木或植物的秸秆，经切削成碎片，加胶热压制成。刨花板具有一定的厚度，常用的有 13mm、16mm、19mm、22mm，幅面尺寸一般与胶合板相同，常用有 915mm × 1830mm、1220mm × 2440mm、1220mm × 1830mm 几种。刨花板幅面大而平整，有一定的强度，但不宜开榫和钉接，表面经粘贴单板或其他饰面材料，可作为家具用材，但其周边应镶实木或选择与板面相应的封边材料进行封边。

　　纤维板（中密度纤维板）：利用木材采伐和加工过程中的废料和其他禾木植物秸秆为原料，经过切削、制浆、热压成型、干燥而制成。根据其密度的不同可分为硬质、半硬质和软质三种纤维板。在家具用材中多为硬质纤维板，它具有质地坚硬、表面平整、不易胀缩和开裂的优点，广泛应用于柜类家具的背板、顶底板、抽屉板及其他衬里的板状部件。有一定厚度的中密度纤维板，其厚度为 18mm、20mm、22mm，常作为板式家具的基本部件用材。

　　细木工板：是利用木材加工的零星小料，切割成一定规格的小木条，排列胶合成板蕊，二面再胶合夹板或其他饰面板材。细木工板有一定的厚度，一般为 20mm、22mm、25mm，具有强度大、表面平整、不易变形和着钉性能好等优点，多用于中、高级家具的制造，幅面尺寸同胶合板尺寸相同。

　　2. 金属

　　在家具设计、制作中，经常出现钢木家具或金属与其他材料组成的复合家具，常用于家具的主要金属

图 2-25 FPE 椅子，铝和塑胶组构形成的曲线非常流畅的椅子，使椅子有了"姿势"和"表情"。（设计师：龙艾尔，设计时间 1997 年）

图 2-26 铝制套椅和凳子，座椅经济又轻巧，可摞叠。（设计师：帕特·荷恩·艾克〈Piet Hein Eek〉荷兰人，恩伯·荣格科〈Nob Ruijgrok〉荷兰人，设计时间：1994 年）

材料有钢材、铝合金和铸铁三大类。

(1) 钢材 用于家具制作的钢材多为碳素钢，以钢板、钢管为主。（图2-25）

① 钢板材：主要是采用厚度在0.2~0.4mm之间的热轧或冷轧薄钢板，其宽度在500~1400mm之间，成卷筒状，长度按加工需要进行裁切。各板件按图纸加工，折边，除锈处理，经静电粉末喷涂烘烤后，装配成形，这是目前办公家具用得较多的全钢制品。另外用塑料与薄钢板复合制成的塑料复合钢板，具有防腐、防锈、不需涂饰等优点，也常用于家具的制作。

② 钢管材：一般主要用作家具的结构及其支架，可分为方钢管、圆钢管和异形钢管三大类，用厚度1.2~1.5mm的带钢经冷轧高频焊接制成。

另外用于家具制造的钢材还有圆钢、扁钢及角钢等，根据家具设计的造型进行选用。

(2) 铝合金材 铝合金材的特点是重量轻、有足够的强度、延展性好、加工方便以及耐腐蚀等。运用于家具制作的通常是经压力加工成的各种管材、型材、板材等。铝合金材的半成品，常被用来制作家具的框架和装饰件，如商店货柜、陈列架等。（图2-26、图2-27）

(3) 铸铁 铸铁主要用于家具中的生铁铸件。由于它的铸造性能优于钢材，且价格低廉、重量大、强度高，常用来做家具的底座和支架，如医疗及理发用的座椅底座，剧场及会场座椅的支架等。

3．塑料

在家具中运用的塑料，实际上是由合成树脂为主制成的"工程塑料"，根据其化学构造性质，可分为热硬化性树脂和热可塑性树脂两种基本形态。其特点：质轻、强度高、加工成型简便、色彩鲜艳等，并有较好耐腐、耐磨性能。但塑料也有其不足之处，最大的缺点是在日光、大气长期压力或某些介质作用下，会发生老化现象，出现逐渐氧化、褪色、开裂、强度下降等。（图2-28）

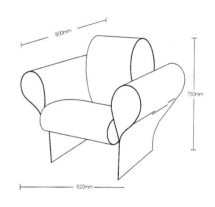

图2-27 "柔韧度良好"的扶手椅。椅子由四部分组成，造型简单明快。材料是回火钢——韧性好的钢材，有着令人愉快的弹性。（设计师：荣·阿瑞德〈Ron Arad〉以色列人，设计时间：1986~1987年）

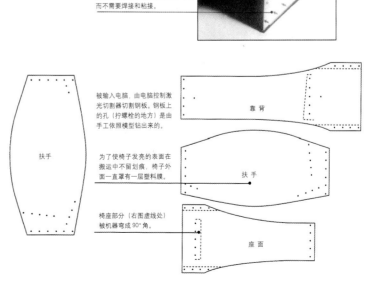

优质钢（1mm厚）

翼形螺栓将椅子的各部分连在一起，而不需要焊接和粘接。

被输入电脑，由电脑控制激光切割器切割钢板，钢板上的孔（拧螺栓的地方）是由手工依照模型钻出来的。

靠背

扶手

扶手

为了使椅子发亮的表面在搬运中不留划痕，椅子外面一直罩有一层塑料膜。

椅座部分（右图虚线处）被机器弯成90°角。

座面

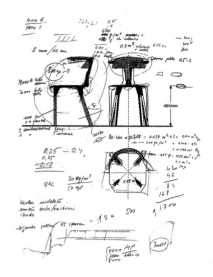

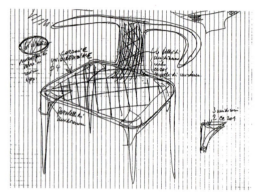

图2-28 "轻轻型"扶手椅。扶手椅的芯材是蜂窝式的"诺梅克斯"(Nomex)聚酰胺,上面覆盖碳化纤维,碳化纤维在使用前已浸透环氧树脂,属于超轻型的产品。(设计师:阿尔贝托·梅达〈Alberto Meda〉,设计时间:1987年)

家具常用塑料种类与性能:

ABS树脂:即丙烯腈-丁二烯-苯乙烯共聚物(Acrylonitrile-Butadiene-Styrene)以低发泡的方式制成"合成木材",具有质轻、耐水、耐热、阻燃及不收缩变形等优点,有较好的强度、刚性和化学稳定性,能电镀和喷涂,并且可锯、可刨,易于加工,是目前制作家具中广泛采用的材料。

聚氯乙烯树脂(Polyvinyl Chloride,通称PVC):塑料中产量最多的一种。可透明、半透明或不透明,质轻、牢固,根据使用要求的不同,可制成硬质和软质程度不同的制品,可塑性好,材质具有良好绝缘性和耐腐性,但耐燃性差,燃烧时并有有害气体产生。

聚乙烯树脂(Polyethylene,通称PE):是日常生活中最常见的塑料,以低发泡的方式制成"合成木材",性软,可吹塑成型,呈透明、半透明或不透明,表面质感似蜡。

丙烯酸树脂(Acrylic Resins):通常称为压克力树脂。主要特点是无色透明、强韧、耐腐性好,适于制作家具的透明用材。

发泡塑料(Plastic Foam):原则上大部分的塑料都可制成发泡塑料。和家具有关的有聚尿脂制成的软质发泡塑料,它可用于制作床垫、枕头、沙发软垫等。另外可制作合成木材的有苯乙烯树脂、ABS树脂、聚乙烯树脂和硬化型丙烯树脂等。

聚四氟乙烯(工程塑料):耐高温,强度好,摩擦因数小。适合做工程部件、厨房、卫生洁具等。

4. 竹材

制作家具的传统材料之一的竹材。特点:质地坚硬,抗拉、抗压强度都比木材好,富有韧性和弹性,特别是抗弯能力强,不易折断,竹材在高温下质地变软,易弯曲成形,温度遽降后可使弯变定形,为竹家具的制作带来便利,可丰富家具的造型。竹材另一特性是表面可劈制竹篾,劈成的竹篾具有刚柔的特性,它可用来绑扎和编织大面积的席面,并且具有光滑凉爽的质感。缺点:刚性差、易被虫蛀、易腐朽、易吸水、易开裂等。

我国盛产竹材,主要分布于长江流域以南地区,由于竹材具有的特定性能,制成的家具在我国南方被广泛使用。(图2-29)

由于竹材的品种繁多,性能不一,在制作家具时要根据竹材的特性选择使用。竹家具骨架用材,要求质地坚硬,力学性能优良,挺直不弯,并有一定的粗细,一般圆径在30～40mm。劈篾编织用竹要求质地坚韧、柔软，竹节较长，节部隆起不高的中粗竹材。制作家具用的竹材还必须进行防蛀、防腐、防裂等特殊处理。

5. 藤材

藤材也广泛运用于家具的制作中。藤材的藤皮作为家具的制作材料，其特点是：藤皮的纤维特别光滑细密，韧性及抗拉强度大，在浸水后饱含水分的状态下变得特别柔软，干燥后又能恢复原有的坚韧特性，因此用藤皮绑扎和编织面材，加工方便而又特别坚实有力，富有弹性。藤材具有温柔的色彩和特别的质感，且质轻，可做出优美的造型。（图2-30）

在家具制作中，藤皮常与竹、木、金属等材料结合使用，用藤皮缠扎骨架的结节着力部位，或在板面穿条编织座面、靠背面、床面等。

6. 辅助材料

在家具制造中，除了上述主要材料外，还必须使用其他的辅助材料才能完善家具的制作成型。常用的辅助材料有胶料、五金配件、玻璃、皮革、纺织品等，其中与家具结构有关的主要是胶料和五金配件。

胶料　主要用于木结构家具中，在榫接合和胶合、拼板等工艺中，都要使用胶料。胶接的好坏会影响到家具的强度和使用寿命，因此合理使用胶料是保证产品质量的重要条件。

在家具制作中已普遍运用合成树脂胶，合成树脂胶是常温液态胶，涂抹制作方便。合成树脂胶种类也较多，常用有酚醛树脂胶、尿醛树脂胶、聚酯酸乙烯树脂胶(俗称乳白胶)，这类树脂胶固化时间较长，在胶合和拼合工艺中，必须经过较长时间的加压固定，才能达到一定的胶合强度。乙烯－醋酸乙烯共聚树脂胶是无溶剂的常温固化胶合剂，具有冷固胶合速度快的特点，因此近年来应用较广。

五金配件　在家具装配结构上，五金配件是不可缺少的辅助材料。设计水平和制作工艺方面，我国家具与国际先进家具是有差距的。不仅如此，五金配件的设计和制作质量也是形成这个差距的一个重要因素，五金配件关系到家具安装的方便和家具使用的轻便及耐久。五金件的种类很多，主要可分为连接件、紧固件、拉手及其他小零件等。（图2-31）

连接件　主要用于家具部件的装配连接，有

图2-29 紫檀嵌竹冰梅纹梅花式凳（清乾隆）

图2-30 "Quadraonda"扶手椅，传统材料（白藤）编织与现代材料（镀铬钢）电焊弯曲而成。（设计师：玛利奥·加南齐〈Mario Cananqi〉意大利人，设计时间1991年）

的具有多次拆装性能的特点。（图 2-31）

　　合页　是柜门与柜体装配连接的五金件，它以固定的轴向活动使柜门可以开启和关闭。按家具设计及其构造不同，合页可分为普通合页、长形合页、脱卸合页、门头合页、暗合页和翻板合页等。(图 2-32)

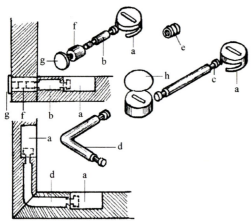

用于连接各类橱柜门的各种金属折页

图 2-31

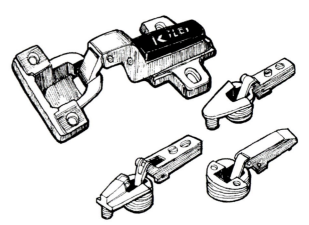

穿心螺栓偏心箱体连接件连接方式

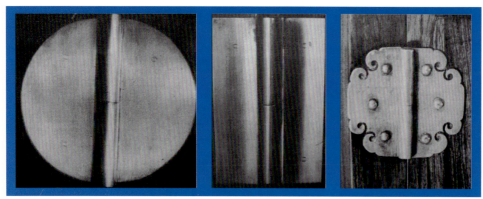

图 2-32 合页

单 元 教 学 导 引

目标	通过本单元的教学，目的是要求学生基本掌握家具设计的原则要点，家具设计的主导前提是家具的功能性，主要学习内容：实用性原则，装饰性原则，技术与工艺（物质技术材料基础）。本单元的主要知识点：家具设计的功能性、材料及工艺、造型设计等。学生学习和掌握了这样一些原则，在今后从事家具设计实践活动中，才不会显得盲目。
要求	在教学过程中，任课教师在理论讲授的同时，有针对性地举一些例子，用以说明理论讲授中涉及到的问题，运用多媒体进行直观教学，通过对设计作品的赏析，加深学生对本单元重点的理解。
重点	本单元的重点是家具设计中重要的功能作用、家具的工艺以及家具制作过程中所涉及到的材料和加工工艺等方面的知识。
注意事项提示	教学过程中，任课教师应强调家具设计的目的性、家具实用功能的重要性、材料的选择与制造工艺、技术的运用等，这些对于家具设计都是非常重要的因素。
小结要点	建议任课教师从以下几个方面小结：家具设计基本原则理论、学生对家具设计作品的欣赏、分析情况和学生作业完成情况等。

为学生提供的思考题：

1. 鉴赏传统经典家具、现代家具，试比较其异同。

2. 选择两、三件家具进行比较、分析，指出各自的优点和不足。

本单元作业命题：

家具测绘：选择一件家具进行测绘，记录下各种数据，然后画图并进行标注。

作业命题设计的原由：

学习家具设计需要实际多感受、多实践。学生等通过作业感受其尺度、空间关系，感受设计。

命题设计的具体要求：

了解尺度，要求测绘得出的数据准确，运用正确的标注方式在图中标注正确。

命题作业的实施方式：

实际用尺子测量家具的尺寸，然后将家具绘制出来，在图上标注数据。

作业规范与制作要求：

用3号绘图纸，作三视图、透视图，在结构的关键部位要求画详图、大样图。

家 具 设 计 中 的 人 体 工 程 学 应 用

一、人与家具的关系

家具是为人服务的，因此，家具设计的首要因素是符合人的生理机能和满足人的心理需求。根据家具与人和物之间的关系，我们将家具划分为三类。

第一类是与人体直接接触的，起支撑人体活动的家具。如椅、凳、沙发、床、榻等坐卧类家具。

第二类是与人体活动有着密切关系的，起着辅助人体活动、承托物体的凭倚类家具，例如桌台、几、案、柜类家具。

第三类是与人体产生间接关系的，起储藏物品作用的储藏类家具，如橱、柜、架、箱等。

这三类家具基本上囊括了人们从事各项活动所需家具的全部类型。家具的使用首先要满足功能需求，要实用，这就要求家具在设计过程中必须考虑人体尺度和使用要求，将技术与艺术结合起来，尽可能最大限度地实现其物质功能和精神功能。

二、人的基本动作

人的动作形态相当复杂，可以说是千变万化。从坐、卧、立、蹲、跳、旋转、行走、跑动等等，都会显示出不同的形态，这些不同的形态都具有不同尺度和不同空间的要求。家具设计的课题，就是如何合理地依据人体活动过程中所呈现的姿态下的肌肉、骨骼的结构来进行设计，尽量调整人的体力损耗、减少肌肉的疲劳，从而提高工作效率。因此，研究人体在运动中的动作，对于家具设计来说就显得十分重要。立、坐、卧是人体的主要动作，也是与家具设计密切相关的。

立　站立是人最基本的自然姿态，由骨骼和无数关节支撑而成的。当人体直立做各种动作时，人体的骨骼结构和肌肉时时刻刻处在变换和调节状态中，所以，人们可以做较大幅度的活动动作，并且较长时间保持工作的状态。如果人体活动长期处于一种单一的行为和动作时，一部分肌肉不可避免地长期处于紧张状态，因而也就会感到疲劳，要避免这样的疲劳，就需要人们经常改变站立的姿态。

坐　站立比坐着更累些，坐下既是休息，也可以做许多事情。事实上，人们的活动和工作有很大一部分是需要坐着进行的，因此，研究人坐着活动和工作时肌肉和骨骼的关系也是十分重要的。人体的躯干结构是支撑人体部分身体重量和保护内脏不受压迫，当人们坐下时，骨盆和脊柱的关系失去了原有直立姿态时的腿骨支撑关系，人体的躯干结构就不能保持平衡，人体必须依靠适当的坐平面和靠背倾斜面来支撑以保持躯干的平衡，使人体的骨骼和肌肉在坐下来时得到放松。为此，设计师设计了许多为满足人们坐姿状态下各种活动需要的家具。

卧　卧的姿态是人身体希望得到的最好的休息状态，无论是坐着，还是站立，人的脊椎骨骼以及肌肉总是受到压迫，处在一定的收缩状态下。唯有卧的姿势，才能真正使脊椎骨骼受压的状态获得松弛，从而得到最好的休息。卧是一种特殊动作形态。

三、人体的尺度

人体尺度是家具设计最主要的依据，人体站立时的基本高度、人伸手的最大活动范围、坐姿时的下腿高度和上腿的长度、上身的活动范围、睡姿时人体的宽度长度，以及翻身时所需要的范围等等都与家具的尺寸有着密切关系，人体各部位固有的基本尺度是我们学习家具设计必须要了解的。

中国成年人人体与家具有关尺寸的测量

为了科学地确定柜类家具，如大衣柜、书柜等的高度和深度的上限尺寸，五斗、写字台等高度和深度的适宜尺寸，以及床头柜等的高度和深度的可用尺寸，我们在《中国成年人人体尺寸》（GB1000—88）的基础上，对与家具设计有关的中国成年人人体尺寸作了系统地补充测量。测量时参照国标规定，除GB3975—83《术语》，GB5704.1～5704.4—85《仪器》和GB5703—85《方法》，缺少的项目自行编号外，其余均同"国标"。

测量的种类包括影响家具设计的人体构造尺寸和人体功能尺寸。

人体构造尺寸有：身高、肩高、肘高、中指尖点上举高、肩宽、胸厚、肩指点距离、腋高、坐高、坐姿肘高、膝高、大腿厚、小腿加足厚、臀膝距、坐深、两肘间宽、坐姿臀宽、跪高、蹲高、蹲距、单腿跪高、跪距。（图3-1）

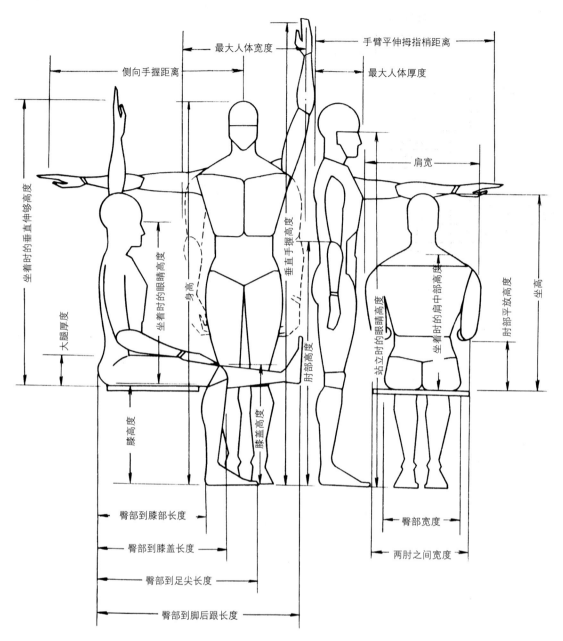

图 3-1 常见的人体测量尺寸

　　考虑家具使用的广泛性，我们参照国标（GB100—88）的第5、第95百分位的身高数据，选择来自我国不同地区的男女教职工和大学生作为被试对象。测试时，被试者脱鞋着袜，穿单衣或毛衣。用人体测量仪测量人体构造尺寸的精度为mm，利用摄像法测量人体功能尺寸的精度为cm，测量舒适尺寸采用极限法由被试作上下、前后往返调节三次以上，公认的较舒适时的功能尺寸。

　　测量结果参见附录，根据人体尺寸的使用规则，我们列出第5、第95百分位的数据，人体构造尺寸在家具设计中的定义，还提出了家具设计时的有关人体尺寸参考值。

中国成年人人体有关尺寸表18～60岁　单位：mm

编号 项目（y）	男子尺寸 女子尺寸	5百分位	95百分位	家具设计 参考尺寸	定义
3-2.1	男子尺寸	1583	1775	1800	该数据用于限定头顶上空悬挂家具等障碍物的高度。
身高	女子尺寸	1484	1659	1660	
3-2.1	男子尺寸	1330	1483	1500	该数据用于限定人们行走时，肩可能触及靠墙搁板等障碍物的高度。
肩高	女子尺寸	1213	1383		
3-2.1	男子尺寸	973	990		该数据用于确定站立工作时的台面等高度。
肘高	女子尺寸	908	1026		
3-2.3	男子尺寸	1963	2259	1950	中指尖点上举高，该数据用于限定上部柜门、抽屉拉手等高度。
中指尖点上举高	女子尺寸	1831	2065		
3-2.1	男子尺寸	385	409	420	该数据用于确定家具排列时最小通道宽度、椅背宽度和环绕桌子的座椅间距。
肩宽	女子尺寸	342	388		
3-2.2	男子尺寸	186	245	270	该数据用于限定储藏柜及台前最小使用空间水平尺寸。
胸宽	女子尺寸	170	239		
3-2.4	男子尺寸	628	698	630	该数据用于限定如酒吧柜、银柜等高服务台的高度。
肩指点距离	女子尺寸	595	660		
3-2.2	男子尺寸	1229	1382	1230	该数据用于限定如酒吧柜、银柜等高服务台的高度。
腋高	女子尺寸	1140	1292		
3-2.4	男子尺寸	046	2336	2100	该数据用于限定搁板及上部储藏柜拉手的最大高度。
踮高	女子尺寸	1940	2162		
3-2.5	男子尺寸	858	958	960	该数据用于限定座椅上空障碍物的最小高度。
坐高	女子尺寸	809	901		
3-2.6	男子尺寸	228	298	270	该数据用于确定座椅扶手最小高度和桌面高度。
坐姿肘高	女子尺寸	215	284		
3-2.5	男子尺寸	467	549	540	该数据用于限定柜台、书桌、餐桌等台底至地面的最小垂距。
坐姿膝高	女子尺寸	456	514		
3-2.5	男子尺寸	112	151	150	该数据用于限定椅面至台面底的最小垂距。
坐姿大腿厚	女子尺寸	113	151		
3-3.10	男子尺寸	383	448	450	该数据用于确定椅面高度。
小腿加足高	女子尺寸	342	423		
3-2.5	男子尺寸	515	595	670	该数据用于限定臀部后缘至膝盖前面障碍物的最小水平距离。
臀膝距	女子尺寸	495	570		
3-2.5	男子尺寸	421	494	450	该数据用于确定椅面的深度。
坐深	女子尺寸	401	469		
3-2.5	男子尺寸	371	498	450	该数据用于确定座椅扶手的水平间距。
坐姿两肘间宽	女子尺寸	348	478		
3-2.6	男子尺寸	295	355	390	该数据用于确定椅面的最小宽度。
坐姿臀宽	女子尺寸	310	382		
3-2.7	男子尺寸	1016	1164	1200	该数据用于限定蹲下时，头部上空障碍物最低高度。
蹲高	女子尺寸	967	1116		
3-2.7	男子尺寸	554	672	690	该数据用于限定蹲下时家具前面空间最小水平距离。
蹲距	女子尺寸	532	597		
3-2.8	男子尺寸	1218	1326	1320	该数据用于单腿跪下时，头部上空障碍物最低高度。
单腿跪高	女子尺寸	1137	1276		
3-2.8	男子尺寸	631	827	840	该数据用于限定单腿跪下时，家具前面空间最小水平距离。
单腿跪距	女子尺寸	613	771		

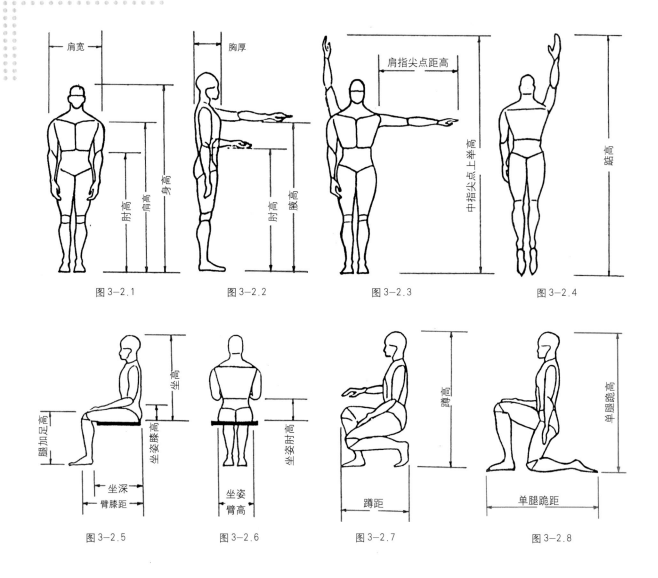

图 3-2.1　　　　　图 3-2.2　　　　　图 3-2.3　　　　　图 3-2.4

图 3-2.5　　　　　图 3-2.6　　　　　图 3-2.7　　　　　图 3-2.8

四、人体生理机能与家具设计的关系

根据人体活动的相关姿态来设计生产相应的家具，才能实现家具的实用功能性。人体活动的相关姿态分为三类。

1. 坐、卧类家具

坐与卧是人们日常生活中最多的动作姿态，比如工作、学习、用餐、休息等都是在坐、卧的状态下进行的。坐、卧类家具的基本功能，就是满足人们坐得舒服、睡得安宁、减少疲劳、提高工作效率，其中，减少疲劳是最重要的。

在家具设计中，通过对人体的尺度、骨骼和肌肉关系的研究，应尽量使家具在使用时将人体的疲劳度降低到最低状态，也就是人体的最舒适与最安宁的状态。形成人体的疲劳是因为肌肉和韧带的收缩运动所引起的，所以，在设计坐、卧家具时就必须考虑人体的生理特点，使骨骼、肌肉结构保持合理状态，血液循环与神经组织不过分受压，尽量减少产生疲劳的因素。

（1）坐具的基本尺度与要求

在许多场合，座椅与餐桌、书桌、柜台或各种各样的工作面都有直接关系，人坐着工作的时候，受骶骨与骨盆的影响，腰椎难以保持较为自然的状态，腰椎的弯曲度随着不同的坐姿而改变，同时，肌肉与韧带也处于紧张的收缩状态，长时间这样就会感到疲劳。解决这一问题的关键是座面与靠背构成的角度，分析人体压力分布的状况，选择合适的支撑位置，使人体与坐具的接触面获得满意的舒适感。在这里，我们以常用常见的坐具为例来说明人体与座椅的关系，要处理好这个关系，在设计过程中，如何合理处理好人体与座椅的关系是非常关键的。坐具的高、宽、深度，以及靠背和座面的斜度在设计中都是不容忽视的。

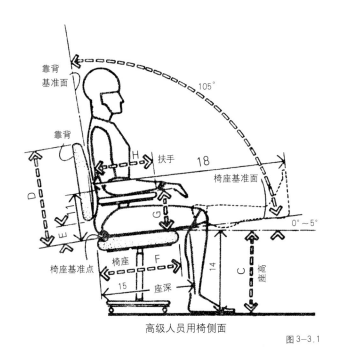

高级人员用椅侧面

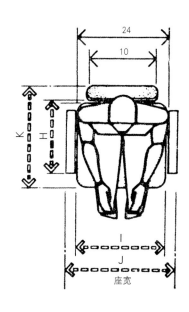

图 3-3.1

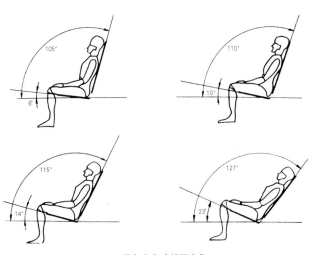

图 3-3.2 座椅面夹角

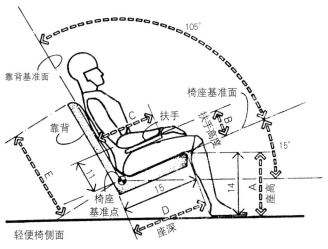

轻便椅侧面

图 3-3.3

部位	mm
C	406～432
D	432～610
E	00～152
F	394～457
G	203～254
H	305
I	457～508
J	610～711
K	584～737

图3-4.1 高级人员用椅各部位尺寸对照

部位	mm
A	406～432
B	
C	
D	

图3-4.2 轻便椅各部位尺寸对照

类型	工作椅	休息椅	沙发椅	躺椅
座面夹角(°)	6	10	14	23
靠背与椅面夹角(°)	105	110	115	127

图3-4.3 四种座椅夹角

座高　指坐具的座面与地面的垂直距离，座面向后倾斜的椅子，通常以前座面的高度作为椅子的座高。座高不合适，就会导致不正确的姿势，时间一长，腰部就会产生疲劳感，影响坐姿的舒适程度。座面高度不同的椅面，其体压分布也不同，根据椅子座面所承受的人体压分布的情况来分析，对于有靠背的椅子来说，适宜的座高应当是地面到膝关节内侧高加25～35mm（包括鞋跟高），后再减去10～20mm。

座深　指座面的前沿至后沿的距离。座面过深或过浅对人体坐姿的舒适度都有相当的影响，因此，在座椅设计中，座面的深度要适中。通常，座面深都小于人体坐姿时大腿的水平长度，使座面的前沿与小腿有一定距离，使小腿有活动空间。在我国，一般情况下座深尺寸在380～420mm之间。工作椅的座面的深度可以浅一点，而休息椅的座面深度可以设计得略微深一点。

座宽　指椅子座面的宽度。根据人的坐姿及动作，座面往往呈现出前宽后窄的状态，座面的前沿称座前宽，后沿称座后宽。座椅的宽度使臀部得到全部支撑并有适当的放宽，便于人体坐姿的变换和调整。一般座面宽度不小于380mm，对于有扶手的靠椅来说，一般不小于460mm。

座面倾斜度　人在休息时，一般都向后倾靠，使腰椎有所承托。因此，一般座面大部分设计都是向后倾斜，其后倾的角度工作椅为6度，休息椅为10度，沙发为14度，躺椅为23度。这样，相对的靠背也向后倾斜：工作椅为105度，休息椅为110度，沙发为115度，躺椅为127度。

靠背椅　靠背椅最能使人的躯干得到充分的支撑，特别是使人体腰椎获得舒适的支撑面，这是因为靠背的形状基本上与人体坐姿时的脊椎形状相吻合，靠背的高度（上沿）不宜高于肩胛骨。

扶手高度　扶手是为了减少两臂的疲劳。扶手的高度应与人体座骨结节点到上臂的肘下端的垂直距离相近，过高或过低都易使上臂疲劳。根据人体的尺度，扶手表面至座面的垂直距离为200～250mm，同时，扶手前端略高，随着座面倾角与靠背斜度的变化而变化，扶手的倾斜度一般为正负10度至正负20度，扶手在水平方向的左右偏角在正负10度之内，一般与座面形状吻合。

(2) 卧具的基本尺度与要求

人体处于卧姿时的结构特征：从人体骨骼肌肉结构来看，人在仰卧时，不同于人体直立时的骨骼肌肉结构。人直立时，背部和臀部凸出于腰椎有40~60mm，呈"S"形。而仰卧时，这部分的差距减少至20~30mm，腰椎接近于伸直状态。站立时的人，人体各部分的重量是在向重力方向相互叠加，方向垂直向下；当人躺下身体平放时，人体的各部分重量则相互平行的垂直向下。并且，由于身体各部位的重量不同，向下沉压的量也不同，人体在卧姿时的体压分布情况是决定体感舒适的主要原因之一。

床是供人睡眠休息的主要卧具，也是与人体接触时间最长的家具。床的基本功能就是使人躺在上去感觉很舒适，睡眠好，以达到消除疲劳、恢复体力和补充工作精力的目的。床设计的好与否，基本标准就是床的尺度是否合理、床的软硬度如何和能否支撑人体的卧姿，因此，床的设计必须考虑到床与人体生理机能的关系。

床宽　一般我们以仰卧姿势作基准，以人的肩宽的2.5~3倍来设计床宽。我国成年男子平均肩宽为410mm，按公式计算，单人床宽为1000mm。但试验表明，床宽自700~1300mm变化时，作为单人床使用，睡眠情况都良好。因此我们可以根据居室的实际情况考虑，单人床的最小宽度为700mm。床的宽窄直接影响人睡眠的翻身活动。（图3-5）

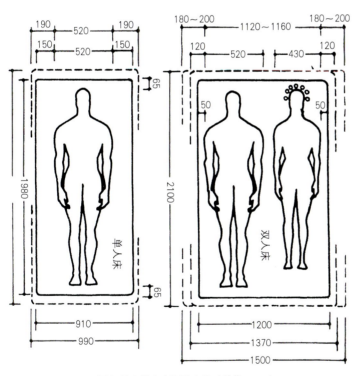

图 3-5.1 单人床和双人床（单位：mm）

图 3-5.2

床长　床体长是指两床头板内侧之间的距离。为了能适应大部分人的身长需要，床的长度一般以较高人体作为标准进行设计。国家标准GB3328-82规定，成人用床床面净长一律为1920mm，对于宾馆的公用床，一般脚部不设床架，便于特高人体的客人可以加接脚凳的需要。

床高　床高指床面距地面的高度。床高一般与坐高一致，在作为床来使用的同时，又具备了坐卧的功能。一般床高在400～500mm之间。双层床的层间净高必须保证下铺使用者在就寝和起床时有足够的活动空间，但又不能过高，过高会造成上下的不便及上层空间的不足。按国家标准GB3328—82规定，双层床的底床铺表面离地面的高度不大于420mm，层间净高不得小于950mm。

2．凭倚性家具

凭倚性家具是人们工作和生活所必需的辅助性家具。比如就餐用的餐桌、看书写字用的写字桌、学生上课用的课桌、制图桌、茶几、炕桌等；为站立活动而设置的柜台、帐台、讲台、陈列台和各种工作台等。这类家具的基本功能是能够适应人在坐下、站立的状态下进行各种活动，为人在特定条件下的活动提供相应的辅助条件，这类家具也可放置或贮存物品。因此，凭倚性家具的设计与人体动作所产生的尺度关系非常直接。

(1) 生活、工作、学习用桌的基本要求和尺度

桌子的高度应按人体坐高的比例来计算。桌子的高度与人体动作时肌体的形状及疲劳度有着密切的关系。真实的体验是，过高的桌子容易造成脊柱的侧弯、眼睛近视和容易引起耸肩，不正确的姿势会引起肌肉紧张而产生疲劳；桌子过低也会使人体脊椎弯曲扩大，造成驼背、腹部受压，妨碍呼吸运动和血液循环等弊病，同样也会使人体疲劳。因此，使人感觉舒适的桌子高度应该与椅座高保持以下的尺度配合关系：

桌高＝座高＋桌椅高差(坐姿时上身高度的1/3)

桌椅面的高差是根据人体测量而确定的，由于人种高度的不同，以上数值也不是一定的，随着人身高的不同也会有一些调整。1979年国际标准(ISO)规定桌椅面的高差值为300mm，而我国确定值为292mm。

桌高　我国国家标准GB3326—82规定桌面高度为700～760mm之间，级差20mm。即桌面高可分别为700mm、720mm、740mm、760mm等规格。我们在实际应用时，可根据不同的使用特点酌情增减。如设计中餐用桌时，考虑到中餐进餐的方式，餐桌可略高一点；若设计西餐用桌，同样考虑西餐的进餐方式，使用刀叉的方便，将餐桌高度略降低一些。

桌面尺寸　桌面的宽度和深度以人坐姿时手可达的水平工作范围为宜，以及桌面可能置放物品的类型尺寸为依据。如果是多功能的或工作时需配备其他物品、书籍时，还要在桌面上增添附加装置，对于阅览桌、课桌类的桌面，最好有约15°的倾斜，能使人获得舒适的视域和保持人体正常的姿势，但在倾斜的桌面上，除了书籍、簿本外，其他物品就不易陈放。

宽度级差为100mm，深度级差为50mm，一般批量生产的单件产品均按标准选定尺寸，但对组合柜中的写字台和特殊用途的台面尺寸，不受此限制。

餐桌与会议桌的桌面尺寸以人均占周边长为准进行设计。一般人均占桌面周边长为550～580mm，较舒适的长度为600～750mm。餐桌、会议桌的宽度在550～750mm之间。

为保证坐姿时下肢能在桌下设置与活动，桌面下的净空高度应高于双腿交叉叠起时的膝高，并使膝上部留有一定的活动余地。桌面到地面的净空尺寸至少应有378mm。

(2) 立式工作用桌(台)的基本要求与尺度

立式工作用桌（台）主要指售货柜台、营业柜台、讲台、服务台及各种工作台等。站立时使用的工作用桌（台）的高度是根据人体站立姿势和手臂自然垂下的肘高来确定的。按我国人体的平均身高，站立用台桌高度以910～965mm为宜。如果是需要着力的工作台，其桌面可以稍降低20～50mm，甚至可以更低一些。

立式用桌的桌台下的空间处理　桌台的下部空间通常是用作贮藏柜用，但立式桌台的底部需要设置容足的空间，这个容足空间是内凹的，高度为80毫米，以利于人体紧靠桌台的动作之需。

3. 储存性家具

贮存性家具是收藏、整理日常生活中的器物、衣物、消费品、书籍等的家具。贮存性家具按其贮存形式分两类：柜类和架类。柜类贮存家具主要有大衣柜、小衣柜、壁柜、橱柜、书柜、床头柜、陈列柜、酒柜等；架类贮存家具主要有书架、食品架、陈列架、衣帽架、隔断、屏架等。贮存类家具的设计必须考虑其功能性，即人与物两方面的关系。一方面要使家具贮存空间划分合理，方便人们存取，有利于减少人体疲劳；另一方面又要求家具贮存方式合理，贮存数量充分，满足存放条件。

(1) 贮存性家具与人体尺度的关系

为了使人存取东西方便，就必须准确确定柜、架、搁板的高度和合理分配空间，根据人体所能及的动作范围，我们可将柜体的高度分为三个区域：600mm以下，放置较重的或是不常用的物品；600～1650mm之间，放置常用物品；1650mm以上，存放重量较轻而不常取用的物品。这类家具的深度和宽度没有固定要求，通常以室内空间、存放物体种类的大小以及所用材料的规格等因素来决定，一般在250～600mm之间。在贮存区域内，可根据人体动作范围以及贮存物品的种类在柜内设置搁板、抽屉、挂衣棍等。

(2) 贮存性家具与贮存物

设计贮存性家具除了要考虑人体尺度与家具的关系外，还必须针对将要贮存的物品类别和存放形式来考虑，这对确定家具的尺寸起着重要作用。

单 元 教 学 导 引

目标	通过本单元的教学，目的是使学生能掌握人体的尺度、人体基本动作所应对的家具的尺寸，能够把握人体尺度结合功能进行简单家具设计。
要求	要求学生通过本单元的学习，能够从动感的人体与静态的家具关系上去多思考，理解人体活动与家具使用之间的辩证关系，人体机能与家具设计之间的关系，加深对家具功能性的认识，避免在家具设计活动中过度重视家具的美观而忽略其实用性。
重点	家具设计功能性与尺度的结合；懂得造型设计和生产工艺流程设计。注意遵循家具设计实用性、结构合理性、合理利用资源、美观等原则。
注意事项提示	在家具设计中，注意比例、尺度的把握；注意家具表面的装饰处理，五金配件的装饰性。因为，家具进入市场，能否赢得消费者喜爱，是家具设计的关键所在，家具除了满足实用而外，还需要满足人们精神、情感的需要，所以，家具的质地、表面装饰效果是至关重要的。
单元小结	人体工程学原理在家具设计中的运用非常重要，关系到家具使用功能的实现，由此而涉及到的家具的尺度与人体尺度的关系、家具的结构与人体尺度及使用的关系、视觉审美的关系等这样一些关系之间适合度的处理，关系到家具设计的意义和家具存在的价值。对学生作业的客观评价：椅子的功能性设计、外观设计、材料及工艺等。

为学生提供的思考题：

　　1. 人体结构与家具尺度永远是关系紧密的，为什么？

　　2. 人体基本动作与家具结构的关系如何？

本单元作业命题：

　　按人体工程学原理设计一把椅子（设计师专用）

作业命题设计的原因：

　　培养学生的设计尺度感，在实际家具设计活动中，加强学生对家具设计的功能意识。

命题设计的具体要求：

　　把握人体功能与椅子之间的关系以及适合度。

命题作业的实施方式：

　　先进行实际考察，在有切身感受的基础上，先画出多个草图方案，在对多个草图进行筛选，最后确定方案，然后再表现出来。

作业规范与制作要求：

　　用3号绘图纸，作三视图、透视图，在结构的关键部位要求画详图、大样图，效果图。

单元教学测试：

　　选择一些概念家具设计作品，让学生多多感受设计，从中受到启发，放开思维，做出2、3个椅子的概念设计方案，以草图的方式呈现。任课教师不做任何提示，由学生自己做出判断并做设计。测试完成后，任课教师做总结，提出判断的标准。建议测试纳入学生课程的平时成绩。

家 具 造 型 设 计

　　家具的造型设计就是指在设计过程中，运用造型的形式法则，将不同的造型要素合理地组合，构成家具良好的外观形式的过程。家具是一种工业产品，既有物质功能，又有精神功能，在满足人们日常生活使用需要的同时，又具有满足人们的心理需求、营造环境气氛的作用。家具又是市场流通的商品，它的实用性和外观形式，会直接影响消费者的购买行为，一件既能满足人们的审美需求，又能满足人们日常生活需要的家具，会给人带来美的享受，激发人们愉快的情绪，从而产生购买欲望。一件好的家具，应该是集造型、材料和使用功能为一体的完美结合。

一、家具设计三要素以及它们之间的关系

　　家具设计的三要素：功能、材料、结构。
　　家具设计的三要素及其之间的关系：

（一）功能

　　作为人们生活和活动不可缺少的生活器具，必须要具有实用性，即要具有合理的使用功能，如果只是外观漂亮而不具备使用功能，就只能当作陈设品。但家具又具有艺术性，即审美功能，如果单有合理的使用功能而缺乏美感，就只能当作器具使用，不能给人带来美的享受，也不利于提高人们生活质量。家具的美是通过功能的合理性来表达的，形式美中包含有功能美的因素，使功能美和形式美在相互存在中得到体现。

（二）材料与结构

　　家具构成的物质技术基础是材料与结构，材料与结构也是家具造型设计的基础。材料不同，成型的方法、结合的形式以及材料的尺寸形状都不相同，由此设计出来的家具造型也不会相同。例如：木质结构家具、钢制家具、塑料家具等，在造型上各有特点，在功能上各有优势。木制的舒适稳重，钢制的轻便、通透，塑料的表面光华、色彩艳丽等等。

图 4—1

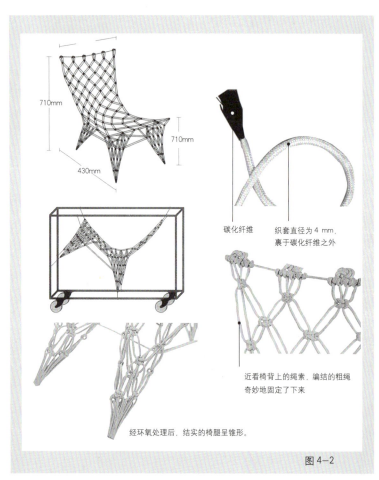

碳化纤维

织套直径为 4 mm，
裹于碳化纤维之外

近看椅背上的绳索，编结的粗绳
奇妙地固定了下来

经环氧处理后，结实的椅腿呈锥形。

图 4—2

图 4—1、图 4—2 "绳结"躺椅（设计师：马塞尔·万德斯
〈Marcel Wanders〉荷兰人，设计时间：1995 年）

设计师必须在了解材料的性能及其加工工艺的基础上，才有可能设计出令人满意的家具，设计师只有充分利用材料的特性，才能创造出功能和造型完美结合的消费者喜爱的家具。每当一种新材料出现，随之而来，我们的设计师就会研制新的加工工艺，创造新的结构形式，然后一种新型的家具就诞生了。例如：我们所见到的玻璃钢、塑料等材料的应用，出现了壳体结构式的轻型家具，塑料的浇铸工艺或发泡工艺，产生了整体式浇铸型的沙发等等。

（三）造型

家具造型就是运用形式美的法则将家具功能、材料、结构完美结合，设计出人们喜爱的家具。

（四）三要素之间的关系

家具设计的目的是功能，材料和结构是为了达到目的的手段，造型是二者统一的综合体。从市场的角度来看家具这一商品，三要素是缺一不可，是相辅相成的。

二、运用于家具设计中的造型设计元素

形：物体的样子。

形态：形的模样。形态有三类，一是现实形态——实际存在的、常见的形态；再就是自然形态——自然界客观存在的形态；还有人造形态——人利用一定的材料,通过设计制造出来的各种形态。

形态的构成要素：点、线、面、体、色彩、肌理质感。家具是要通过风格各异的造型、不同的体量、不同质感、令人愉悦的色彩来进行设计表现的。要掌握家具设计的基本规律，首先，我们必须要学习掌握设计基础知识，并且能够实际应用到设计中去。

（一）点

点是形态构成中最基本的构成单位。在构成形态中，点没有大小，但有形状，有位置，引入空间的概念，点还应该具有体量。多大的面积才能称之为点，这就要以其对照物之间的比例关系来确定，也就是说，点的概念是相对的。点是有各种各样形状的，可以是三角形、菱形、四边性、星形、椭圆形、不规则形等。在家具设计

图4-3 "首席"椅,圆球、圆点、圆圈、片圆构成完全几何的椅子。材料:金属和木材。(设计师:德鲁齐,设计时间:1983年)

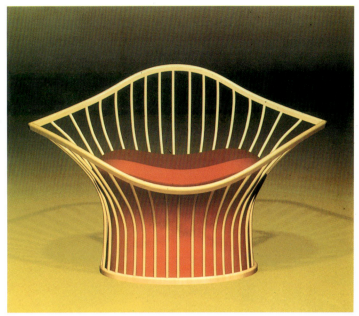

图4-4、图4-5 亲吻椅(设计者:马健留,顺德韦邦集团有限公司工程设计部)

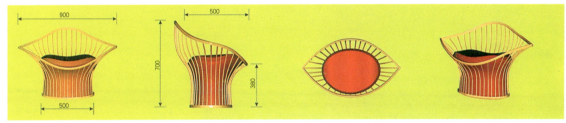

图4-5

中,柜门、抽屉的拉手、锁孔,家具上的小五金件,相对于家具而言,他们的呈现方式都是点的形态,既有实用功能,又有装饰效果,是家具上的功能附件。(图4-1~图4-3)

(二)线

点的移动轨迹。线有粗、细、宽、窄之分,怎样大小的点移动的轨迹才算是线,这就要看形态的长宽比如何,长宽比例悬殊的可称之为线,反之就是面。线是构成一切物体轮廓形状的基本要素。线的形态主要分直线和曲线两类,直线中又分垂直线、水平线、斜线等,直线显得庄严、挺拔;水平线显得安宁、宽广;斜线具有方向感;曲线呈现出动感、流畅、活泼、轻快的特点。不同形态的线在人们的视觉心理上产生不同的心理感受。线具有很强的表现力,变化丰富,在家具设计中,线的感觉随处可见。(图4-4、图4-5)

(三)面

线的移动轨迹形成面,面也可由密集的点构成。线移动的不同轨迹,就会出现不同形状的面,线的排列和交叉点密集,也是可以形成面的感觉的。(图4-6~图4-8)

面有平面和曲面、有几何形和非几何形态两大类。不同形状的平面,具有不同的表现特征。几何形态中的正方形、圆形和正三角形称之为三原形,是以数学规律构成的完整形态,整齐、规则,具有简洁、秩序的美感。正方形具有安定、稳定的秩序,但也容易显得单调;圆这一形态非常完美、简洁,具有温暖、柔和、愉快和

图 4-6 "回眸"（设计者：顺德韦邦集团韦邦家具有限公司开发部）

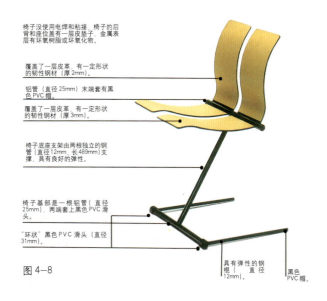

椅子没使用电焊和粘接。椅子的后背和座位盖有一层皮垫子，金属表层有环氧树脂或环氧化物。

覆盖了一层皮革，有一定形状的韧性钢材（厚2mm）。

铝管（直径25mm）末端套有黑色PVC帽。

覆盖了一层皮革，有一定形状的韧性钢材（厚3mm）。

椅子底座支架由两根独立的钢管（直径12mm，长489mm）支撑，具有良好的弹性。

椅子基部是一根铝管（直径25mm），两端套上黑色PVC滑头。

"环状"黑色PVC滑头（直径31mm）。

图 4-8

具有弹性的钢棍（直径12mm）。

黑色PVC帽。

图 4-7

图 4-7、图 4-8 "莫尼卡"椅，锻制的韧性很强的基座以调节人的坐姿。
（设计师：荷伯特·欧尔<Herbert Ohl>德国人，设计时间：1991 年）

运动的感觉，椭圆的感觉也较类似；三角形有一种不安定感，在家具设计中多用于做成某种构件，使设计不显得单调而有变化。

曲面在空间中可表现为旋转曲面、非旋转曲面和自由曲面。曲面形态给人以温和、柔软和极具动感的感觉。在家具造型设计中，自由曲面的设计个性鲜明，性格奔放，曲面的设计效果与其他平面家具和建筑平面形成一定的对比，使室内陈设效果有一定变化。面是家具造型设计中的重要构成因素。有了面，才能使家具具有实用意义。

（四）体

指由点、线、面围成的三度空间或面旋转所构成的空间。

"体"分几何体和非几何体两大类。正方体、长方体、圆锥体、三棱锥体、球体等形态为几何体，非几何体一般为不规则的形体。在家具造型设计中，几何体是用途最广泛的形态，如桌、椅、橱柜等的造型。体的构成可以通过线面的空间围合构成，称为虚体；面与面组合或块立体组合而成的立体，使人感到稳固、实在，围合性强，体的虚实处理会给造型设计带来强烈的性格对比。（图 4-9）

网络状椅子框的顶角处焊有方形金属片，六根螺栓焊在金属片上用来夹住泡泡塑料

600mm

700mm

300mm

700mm

椅垫为30层的泡泡塑料（600mm×1300mm）

椅子腿，直径26mm，长300mm

直径5mm的钢筋网络（70mm×70mm）

椅子框为雾状静电喷漆

暴露的螺帽用来固定泡泡塑料

图4-9 泡泡椅（设计师：费尔南·坎帕尼亚〈Fernando Compana〉巴西人，温贝克·坎帕尼亚〈Fernando Compana〉巴西人，设计时间：1993年）

（五）色彩

色彩是家具造型设计构成要素之一。由于色彩本身的视觉因素决定了其极强的表现力。色彩本身不能独立存在，在光的作用下，附着于一定的材质，才能呈现出来。我们欣赏一件完整的家具是通过感受造型、材质、色彩的综合形象所传递出的视觉信息来完成的，而色彩往往是视觉接受的第一信息，并带有某种特有的情感效果。因此，家具的色彩配置及家具与环境之间的色彩配置，就显得相当重要。色彩是一门独立的科学知识，它涉及到色彩本身构成的理化科学；人眼接受色彩的视觉生理科学及人脑接受色彩产生情感的心理科学、美学等相关学科，渗透于人类生活的各个领域。（图4-10～图4-15）

色相、明度、彩度是色彩的三要素，是色彩学中最基本的知识，也是色彩艺术最本质、最活跃的因素。

图4-10 "丈夫"扶手椅。此椅具有怀旧风格，突出了叫做"丈夫"的靠背，并宣扬了庸俗的文学价值观。"丈夫"椅是设计师称之为"冷酷无情"式组合家具的一部分。（设计师：康斯坦丁·博依姆〈Constantin Boym〉俄罗斯人，设计时间：1992年。）

纤维与复合材料

图4-11 魔术桌，金色琉璃马赛克镶嵌，嵌入桌面中间的砂金石具有神秘感。（设计师：马拉诺〈U.Marano〉）

图4—12 剔红夔龙纹方坐凳墩（清代）
图4—13 "Rothko"扶手椅。定型的椅
子使用的高密度"麦特隆"材料（合成
材料）制成，具有类似木头的特点，
防水且耐高温。（设计师：阿尔贝托·利
埃沃尔〈Allerto Lievone〉阿根廷人，设
计时间：1993 ～1994 年）
图4—14 "舞"。（设计者：周海洋）
图4—15 "小马驹"（设计者：薛坤）

图 4—12　　　　　　　　　　　图 4—13

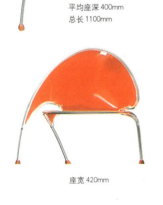

座高 460mm
总高 900mm

平均座深 400mm
总长 1100mm

座宽 420mm

图 4—14

图 4—15

　　色相：各种颜色的相貌。我们常以自然界色彩类似物加以命名，如玫瑰红、橘红、藤黄、土黄、草绿、天蓝、茶褐、象牙白等等。
　　明度：颜色深浅或明暗的程度，它有两方面的含义，一是表示颜色自身的明暗程度，如在同一颜料中，加入白或黑色的颜料，该颜色就出现明暗不同的差别，黑色颜料加入越多，该颜色就显得越深暗；其二是指色环颜色相互之间的明暗区别，如红、橙、黄、绿、蓝、紫中，黄色最为明亮，明度最高，而紫色最暗，明度最低。另外颜色受光照的影响，也会出现亮与暗的差别。
　　彩度：指颜色的鲜明程度，即色彩的饱和程度。
　　色彩的感觉：指人的视觉生理机能经过反复的视觉经验而形成的心理感受。

如色彩的冷暖感觉、重量感觉、软硬感觉、胀缩感觉、远近感觉等等。红、橙、黄色有温暖感觉，只因为自然界中的血液、太阳、火焰等是呈红、橙、黄色，因此，我们称这一类色彩为暖色；而蓝色和绿色则具有寒冷感，称为冷色。

明度高的色彩使人感到轻快，而明度低的色彩使人感到沉重。中等明度和中等彩度的色彩显得柔软，而明度低或彩度高的色彩显得坚硬。暖色和明度高的色彩具有扩张感，称膨胀色，而冷色和明度低的色彩具有收缩感，称收缩色。暖色和明度高的色彩会有实际位置前移的感觉，称前进色；而冷色和明度低的色彩会有实际位置后退的感觉，称后退色。

另外色彩在人的情感上会产生强烈的心理效应，如产生兴奋与沉静、活泼与忧郁、华丽与朴素等精神反映。

红、橙、黄等纯色给人以兴奋感，我们称兴奋色；而蓝、绿的纯色给人带来沉静感，称沉静色。同样的颜色，其彩度高的色彩给人以紧张感，有刺激兴奋作用，而彩度低的颜色会给人以安静舒适感，有镇静的作用。

明度高的颜色会使人感到活泼开朗，明度低的颜色使人感到忧郁。一般彩度、明度高的颜色显得华丽，而彩度、明度低的颜色显得朴素。金属色和白色属性华丽，而黑色和灰色属性朴素。

（六）肌理、质感

质感是指材料表面质地的感觉，人们通过触觉和视觉所能感觉到的材质的粗糙或细腻、柔软或坚硬、冷或暖、轻或重等。在日常生活中，人和家具的接触机会很多，人们会自觉或不自觉地近距离观赏家具的材质以及肌理的不同变化，会直接地触摸家具，感觉其质地的润滑与舒适程度。可见，材料的质感与肌理效果在家具造型设计中占有重要的地位。(图 4-16)

家具材料的质感，一种是材料本身所具有的天然质感，如木材、玻璃、金属、大理石、竹藤、塑料、皮革织物等等，由于其本质的不同，人们可以轻易地区分和认知，并根据各自的品性在家具中加以组合设计，搭配应用。再有就是同一种材料的不同加工处理，可以得到不同的肌理质感，例如：对木材进行不同方向的切削、加工，可以得到不同的纹理效果；对玻璃的不同加工，可以得到镜面玻璃、毛玻璃、刻花玻璃、彩色玻璃等不同的视觉效果；藤材采用不同的缠扎和编织工艺，可以获得丰富多彩的图案和不同的肌理质地效果……在家具造型设计中，通常运用材料质地对比的手法，使家具造型生动，视觉效果丰富。如设计

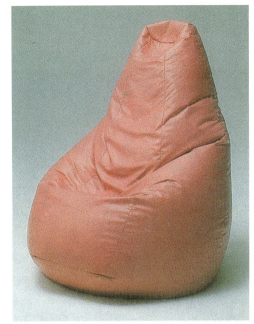

图 4-16 "袋囊"沙发，20 世纪 70 年代风靡欧美。

图 4-17 椅子的构想（设计者：干珑）

中　　　　　古　　　　　西　　　　　今

图4-18 中国风（设计者：温炳权）

大师密斯·凡·德罗设计的"巴塞罗那"椅，支架以光亮的扁钢，坐靠垫以黑色柔软的皮革制成方块凹凸的肌理，座椅充满弹性，舒展大方；又如著名设计师伊姆斯设计的休闲"伊姆斯"椅，以可变的金属支架支撑着上部用花梨木胶合板和皮革软垫合成的坐靠垫，使整个坐具具有一种雕塑感。

三、形式法则在家具设计中的运用

　　形式法则是造型的基本法则，是将造型要素综合成完整的设计，是人类经过长期的艺术实践，从自然美和形式美中概括提炼出来的艺术处理手法。因此，家具设计时必须符合艺术造型构图法则，由于家具又具有实用的属性，在运用这些艺术法则进行设计的同时，功能、材料以及制作工艺是不可忽略的主要因素。（图4-17、图4-18）

（一）比例与尺度

　　所有造型艺术都存在比例与尺度的问题，任何形状的物体，都具有长、宽、高三个方向的度量。我们将各方向度量之间的关系、物体的局部和整体之间的关系称之为比例。良好的比例关系是获得物体形式上完美和谐的基本条件。比例与尺度对于家具造型来说，它具有两方面的内容：一方面是家具整体的比例关系，它与人体尺度、材料结构以及使用功能有密切的关系；另一方面是家具整体与局部或各局部之间的尺度关系。

　　家具整体比例关系　家具造型设计的整体比例关系，首先要受到功能因素的影响，不同类型的家具有不同的比例，同类家具中，由于使用对象的不同也会有不同比例的要求，都应符合人体尺度和满足使用要求。如一张座椅，其座面的高度、椅背的高度、座深、座宽等都是由人体尺度来决定的。再就是家具的整体比例受到人们生活习惯及使用方式（即家具的使用功能）的不同影响，例如日本的榻榻米，中国北方的炕桌、沙发椅和一般座椅，由于其使用方式不同，其比例尺度就显得不一样。家具的整体比例还会受到制作家具所用材料、结构、设备以及工艺条件的影响，随着这些因素的变化，家具的比例也会相应发生变化，例如用全木制作和钢木制作的桌椅，其造型的整体比例完全不一样，同样的木制家具，由于榫结构和板式结构形式的不同，其造型的整体比例也不一样。总之，家具因使用功能与其所处的环境的不同，在比例上会出现完全不同的尺寸关系。因此，我们从家具造型的角度来看，各类家具的造型区别主要在于其整体的比例不同。

　　家具整体与局部的比例关系　家具设计除了要注意整体造型的比例外，还必须注意到局部、部件与整体之间的比例关系以及部件与部件之间的比例关系。在成组家具中又要考虑单体家具组合之间的比例关系。如大型的会议桌,桌面不需要很厚的材料,但从其整体造型讲,较大面积的桌面,面板应该具有一定的厚度才显得稳重。因此,在设计时往往沿桌边加厚桌面,以取得整体的比例效果。在橱柜的造型设计中,更多地涉及到形的分割,即部件与部件的关系。根据造型法则,我们引入比例的数学关系,这是人类在长期生产实践中总结的具有良好比例的数学法则。

就几何形状而言,一些具有肯定外形的几何图形,对于其周边的比例和位置不能加以任何改变,只能按比例放大和缩小,否则就会失去此种图形的特征。如圆形、正方形、等边三角形等,如果处理得当,就会产生良好的比例。事实上这些形状在家具造型中已得到了广泛应用。长方形就不具备上述特征,但在物体的造型中又常常出现,因此,对于长方形,人们研究出了形成良好比例的数学法则。例如:黄金比矩形、根号2矩形、根号3矩形、根号4矩形、根号5矩形;又如等比矩形、等差矩形等比例的模数法则。

除了上述具有数学比率关系的图形分割形式外,另外也可不按上述比例关系进行分割,只要它们被分割图形的对角线互相平行或互成直角,则它们的形状之间就具有数的比率关系,同样能产生好的比例关系。

综上所述,比例是家具造型设计的基本法则。其中"数"的比率为造型设计中的形和分割提供了理性的科学依据,但在具体应用时还需根据家具的功能、材料、结构和所处的环境来全面考虑。

尺度　尺度,顾名思义是指尺寸与度量的关系,与比例是密不可分的。在造型设计中,单纯的形式本身不存在尺度的感觉。如长方形本身没有尺度感,在此长方形中加上某种关系,或是加上人们所熟悉的带有尺寸概念的物体,该长方形的尺度概念便跃然纸上。如在长方形中加一玻璃窗,加上门把手,就形成一扇门,或者将长方形加以划分形成橱柜,该长方形的尺度感就会被人们所感知。

家具的尺寸必须引入衡量单位或者陈设于某场合与其他物体发生关系时才能明确其尺度概念。最好的衡量单位是人体尺度,因为家具为人所用,其尺度必须以人体尺度为准。再则家具主要是陈放于室内环境中,根据室内环境的相互关系,也能体现出家具的尺度感,有时也可利用这一相互关系反过来改变家具的尺度。如在高大的厅堂内,我们可以适当地加大家具的尺度以适应环境的需要,取得和谐的比例关系。在中国传统建筑中,建筑空间较为高大,清式的传统家具尺度都较大,床榻的高、宽、深都超过了人体尺度,在床榻前设有脚踏以改善与人体的尺度关系。又如在低矮的住宅中,家具又可适当地减小其尺度,以配合室内环境取得亲切的感觉等等。

(二)统一与变化

统一与变化是艺术造型中最重要的构成法则,也是最普遍的规律。统一,指不同的组成部分按照一定的规律有机地组成一个整体;变化,指在不破坏整体统一的基础上,强调各部分的差异,求得造型的丰富多彩。统一产生和谐、宁静、井然有序的美感,但过分统一又会显得单调乏味;变化则产生刺激、兴奋、新奇、活泼的生动感觉,但变化过多又会造成杂乱无序,刺激过度的后果。因此,在变化中求统一,在统一中求多样,是造型设计中的重要法则,也是家具造型设计中始终贯穿的重要法则,更是自然界中普遍存在的构成规律。变化的具体体现就是对比和韵律。

对比与协调　对比,就是使形态差异更加突出,即我们将造型诸多要素中的某一要素或不同造型要素之间的显著差异组织在一起。协调,就是将造型要素中元素之间的差异尽量缩小,使对比的各部分有机地组合在一起。

对比与协调是统一与变化法则的具体应用,二者是相辅相成的,在应用时应注意主次关系，即在统一中求变化，在变化中求统一。在家具造型设计中，几乎所有的造型要素都存在对比因素。如线与形的对比、虚实的对比等等。具体还有：

线条的对比——长与短、直与曲、粗与细、水平与垂直。

形状的对比——大与小、方与圆、宽与窄、凸与凹。

色彩的对比——冷与暖、浓与淡、明与暗、轻与重。

肌理的对比——光滑与粗糙、软与硬、粗与细、透明与不透明。

形体的对比——开与闭、疏与密、虚与实、大与小、轻与重。

方向的对比——高与低、垂直与水平、垂直与倾斜。

我们在进行具体设计时，往往许多要素是不可分离的。如线和形及形体，是组合在一起的，而色彩则跟随材质起变化。一个好的设计造型，对比与和谐的设计并重，其中有直线与曲线的对比，有方和圆的形体对比，这些造型对比因素又被到处可见的圆润处理手法和谐地统一于流畅的线条中。

重复与韵律 重复与韵律的现象和规律存在于千变万化的自然界的事物之中。植物叶的生长规律、大地山峦的起伏、水波浪的运动、日月昼夜的循环等等，无不显示出重复与韵律的魅力。重复和韵律也普遍运用于造型艺术设计中，是变化与统一的一种艺术表现形式。

产生韵律的条件是重复，重复的艺术效果产生韵律，韵律带来变化，获得节奏，而重复得到统一。在家具造型设计中，重复与韵律这一艺术处理手法也被广泛应用。

韵律的形式有连续韵律、渐变韵律、起伏韵律和交错韵律。

连续韵律 是由一个或几个组合单位，按一定距离连续重复排列而产生的节奏关系。由单一的元素重复排列而得的是简单的连续韵律。由几个单位组成的元素重复排列可得到复杂的韵律。

渐变韵律 在连续重复排列中，对该元素的形态作规则的逐渐增加或逐渐减少，这样产生的韵律称为渐变韵律。例如在家具造型设计中对常见的体积的大小、色彩的浓淡、质感的粗细作有规律的渐变排列，就会得到渐变的韵律。

起伏韵律 重复渐变的韵律，就形成了起伏韵律。起伏韵律具有波浪式的起伏变化，产生较强的节奏感。在家具造型设计中，组合柜的起伏变化、S形沙发的起伏变化以及古典家具中的车木构件形状的起伏变化，都是起伏韵律手法的运用。

交错韵律 有规律的纵横穿插或交错排列所产生的一种韵律。在家具造型中，中国传统家具中的花格装饰、传统博古架，现代家具中的藤编座面编织图案、木纹拼花交错组合等，都是交错韵律的体现。

韵律手法的共性是重复和变化，通过起伏的重复和渐变的重复可以获得家具造型设计的变化，丰富家具的造型，而连续重复和交错重复则强调彼此呼应，加强统一效果。

主从关系 在家具造型设计中，设计要素在整体中所占的比重和所处的位置会影响到设计的整体统一性，在具体设计中必须要考虑有所区别和整体的关联性。

体量上的主从关系 由于使用功能和环境的特殊要求，家具的不同部位的形态需要有一些大小、高低的区别，在设计中处理好这些关系就能达到主次分明、形式突出的视觉效果。

位置上的主从关系 在设计中，我们可以利用局部形体在整体中的位置关系来表达主从关系。位置的摆放规律一般是主体部分位于中轴线附近，从属部分远离中轴线。

家具造型设计的重点主要还表现在功能、形体等的主要表面和主要构件上，在这些部件上加以重点处理，以增强家具的表现力，取得丰富变化的艺术效果，起到画龙点睛的作用。如在椅子的椅面和椅背、桌子的桌面、橱柜的柜面等作一些装饰处理以吸引视觉的注意力，增强视觉效果。例如在法国式巴洛克座椅中，采用大印花布织物作椅面和椅背的软包面，并用大量的泡钉连续排列，形成重点处理，取得极好的艺术效果。有一些古典家具的桌子，采用木框周边内镶大理石的桌面，现代家具的橱柜面，往往用纹理优美的珍木切片加以重点装饰，或者用制作精细的小拉手加以对比，以引起视觉的注意。

重点处理的手法还经常出现在家具造型的设计上，以取得优美视觉形象的效果。

重点是相对于一般而言，没有一般也就没有重点。因此在家具造型设计中切忌到处都是重点、装饰过多，就成繁琐，必须处理好一般与重点的关系。

（三）动态均衡与稳定

家具是由不同材料构成的有一定体量的物体，因而具有不同的重量感。这种重量感在家具造型设计中就会产生体量的均衡与稳定的关系。

动态均衡是指依靠运动来求得平衡的一种均衡形式，在家具设计中体现为不通过对称的形式来实现均衡的视觉效果。方法有三种：

方法之一，等量均衡法。即在中心线两边通过组合单体和部件之间的疏密关系的处理、体量大小关系的处理以及色彩关系的处理来求得平衡的效果。

方法之二，异量均衡法。即形体中无中心线划分，组合部分的形状、大小、位置都可以不同，在家具设计中，我们常常采用一些功能不同、大小不等、方向不同的元素组合成单位数量不均的体、面、线作不规则的配置，尽管在形状、位置、大小上各不相同，但力求在气韵上取得平衡、统一、均衡的效果，这种异量均衡的形式比同量和同形异量的均衡具有更多的灵活性和可变性。

方法之三，对称均衡法。自然界许许多多的动植物形态，都遵循这一对称均衡的原则。对称均衡是自然现象的美学原则之一。所谓对称均衡，就是以一直线为中轴线，线之两边的形体完全对称相当。对称的构图都能取得均衡的效果。但在对称构图中，需要强调其对称中心或对称轴，这样在视觉感受上，才会得到一种静止的力感，如没有对称中心，那么视觉感受会游移不定，因找不到明显的均衡中心而显得平淡乏味。

家具造型设计必须遵循稳定的原则，以上几种获得均衡效果的手法同样也能使家具造型获得稳定。稳定的家具能适应并满足人们视觉和心理的需求，同时也满足了使用的功能要求。稳定的家具具有端庄、大方的艺术效果。

稳定指物体上、下的轻重关系。自然界的一切物体，为了保持自身的稳定，在靠近地面的部分往往重而大。例如山脉的底部、树的根部等等，因此，人们寻找到一个规律，即重心低的物体是稳定的，底面积大的物体也是稳定的，家具设计也必须遵循这一原则。

家具是人们生活中不可或缺的生活用品，从安全的角度考虑，其稳定性至关重要。家具对稳定的要求包括两个方面，一是实际使用中所要求的稳定；二是人们对家具视觉印象上和心理因素上的稳定。一般情况下，实际使用中稳定的家具在视觉上也是稳定的。在家具造型设计中，经常运用梯形的构成，以形成上小下大的稳定处理手法。有些家具结合使用功能，将大体量部件设计于下部，上部收小，完全符合稳定的构成规律，如书柜、酒柜等。在家具造型设计中也经常出现体量上大下小的造型，但必须是在满足稳定的构成法则的基础上，这样的造型会显得特别轻巧活泼。家具设计处理稳定的原则是使家具的重心落于底面积内。

另外，色彩对家具的稳定与灵巧也起着视觉上的调节作用，深色给人以稳重的感觉，浅色给人以轻巧的感觉，家具造型的色彩设计一般采用下深上浅的方式，这样容易产生稳定的感觉，相反，下浅上深则能得到轻巧、爽朗的感觉。

（四）仿生与模拟

人类早期的设计活动来源于对自然形态的概括和模仿。仿生与模拟是指人们在造型设计中，借助于生活中遇见的某种形象、形体、自然形态，或仿照和模拟生物的各种原理与特征，进行创作设计的一种手法。由于家具是具有物质与精神双重功能的物质产品，因此在不违反人体功能学原则的前提下，运用仿生和模拟的手法，可以给设计者带来新的启发，让使用者在使用的同时观赏，在观赏的同时产生联想，丰富人们的生活，激发人们的情感，使日常生活变得更有趣味。

仿生学是一门边缘科学，是生命学科和工程技术学科相互渗透、彼此结合的一门学科。仿生学的设计一般是受到生物学现存形态的启发，然后，在深入研究、理解的基础上应用于设计中某些部分的结构或形态的处理上，仿生学的介入为家具设计开拓了新的思路。在大自然中的一切生物都是经过千百万年的生物进化而来的，为适应大自然的生存环境，大自然塑造了它们具有生存功能、科学合理又极其优美的形体，这一丰富的大自然宝库为设计师插上了想象的翅膀，为设计新颖、美观的家具提供了丰富的设计素材。如水禽类动物，常在水中站立捕食，具有细长的腿，时而单腿独立，稳固地支撑着上部较大体量的身躯，并且显得极其悠然自得。这种优美的造型被利用到家具的造型设计上，利用胶合层压板、玻璃钢或塑料压制成的现代座椅，其椅腿就是运用细小的高强钢材制成的，给人以轻快单纯的感觉。有的椅子采用独脚支撑，使你不得不想到水禽单腿亭立的姿态。又如水中的海星放射状的五足，牢固地伏行于海底，在家具设计中，设计师运用了海星的这一特殊构造，设计出了可以活动的办公椅脚，这种椅子的脚步可以向任意方向滑动，并且特别稳固，人体坐在椅上重心转向任何方向都不会引起倾倒。（图4-19、图4-20）

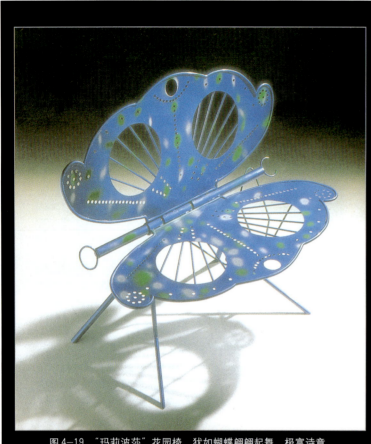

图4-19 "玛莉波莎"花园椅，犹如蝴蝶翩翩起舞，极富诗意。
（设计者：达里西<R.Daqlisi>，设计时间：1989年）

图4-20 昆虫仿生椅（设计者：林思敏）

　　模拟是较为直接地模仿自然形象或通过具体的事物形象来表达或暗示某种思想感情，表达设计思想，然而，这种情感的产生与人们对美好事物的形象联想有关。运用模拟手法设计的家具造型具有再现自然的现实意义，并会引起人美好的回忆和联想。模拟不是照搬自然形体的形象，而是抓住被模拟对象的特征进行概括、提炼，在家具中设计的具体表现有三种形式：

　　一是模拟整体造型，将家具的外形塑造模拟为某一形式，这种形式可以是具体的，也可以是抽象的，也可以是介于二者之间的。模仿的对象可以是动物的某一器官、人的某一器官、植物的形象等。

　　二是在局部构件的装饰上进行模拟。如支撑的角架、桌椅的腿脚、椅子的扶手等。有些也不一定是功能构件，而是附加的装饰部分。

　　三是结合家具的功能对部件进行表面装饰，即描绘一些简单的图案或形态，一般以儿童家具为多。在中国传统家具中，类似的处理手法较多，常用桃子、佛手、石榴、蝙蝠、灵芝、卷云等形象，以寄托思想感情和表示美好的祝愿。

　　模拟只是为我们造型设计提供一种设计手段，切忌拷贝，否则就失去了比拟联想的意义，对人的思维失去了吸引力。模拟设计重要的是要结合功能、材料、结构，设计出实用、经济、美观的家具。

（五）错觉及其应用

　　人的视觉生理机能的重要感觉器官，是接受外来信息的主要途径，但人的视觉在特定的环境下会受某些光、形、色等因素的干扰，由此对物体的认知往往会发生偏差，这就是人们常说的错觉。

　　视错觉有两个方面的表现：一是错觉；二是透视变形。错觉造成人们对看到的家具所获得的信息与家具实际的形状、尺寸大小、色彩等形成一定的差别；而透视变形更影响到家具设计与家具实际效果之间的差距。因此，我们在学习家具造型设计的构成法则时，必须了解视错觉的一些特殊规律，以便在设计中加以纠正或利用。

　　错觉现象　由于线段的方向与附加物的影响，同样长的线段会产生长短不等的错觉。在平面构成的学习中，我们常做这样的实验，将相同长度的两截线段，分别画上向内或向外的箭头，由于附加箭头的方向不同，造成两条线段长短不一的错觉。同理，面积大小的错觉也是一样。由于受形、色、方向、位置等影响，相等面积的形态会给人以大小不等的感觉。如在黑白两种不同的背景下，面积完全相同的形态，在黑背景的作用下显得大，在白背景的作用下显得小，这就是错视现象。

　　分割错觉　同一几何形状，相同尺寸的物体，由于采取不同的分割方法，会给人以形状和尺寸都发生变化的感觉。两个形状、大小尺寸相同的长方形，由于中间分割的线为水平线和垂直线，出现了垂直线分割的长方形偏短而水平线分割的长方形偏长的感觉。

　　对比错觉　对同样的形色，在其他差异较大的相同形色的对比下，使人们产生错误的判断。例如大小相同的形态，在其两侧不同大小的相同形态的局部对比下，其中两侧小形态衬托出的面积显得大，两侧大形态的衬托出的面积显得小。

　　图形变形错觉　由于其他外来线形的干扰，使原图形线段发生歪曲变形的感觉。

　　透视变形　家具有一定的体量，而人的视线有一定的高度和角度，因此看到的实际物体都是带有某种角度和一定高度的透视形象。由于角度不同，透视的变化使得我们看到的形态与实际形态发生了变化，产生了透视变形。

在家具造型设计中，运用视错觉的规律，对容易产生的视觉偏差加以纠正，能取得较好的艺术效果。如在三门大衣柜的设计中，通常将中间部件尺寸加大，以避免等分尺寸产生的中间缩小的感觉；又如橱柜的底脚下沿板，常常因橱柜的宽度较大而产生下垂的感觉，在设计中可采用向上拱起的下沿板，以纠正下垂的错觉。通常人的视线对家具所形成的视角是自上而下的，家具的竖向透视缩小往往很明显，因此，我们在设计之前应事先考虑到透视竖向变形的因素，对柜架的高度作一定的调整，就能在视觉上得到匀称的感觉。另外，由于人们观察家具的视线较高，家具的底部或下层部件会被遮挡，所以底脚不宜收得太靠里，或者家具的地脚可适当加高，而对一些被遮挡的部件，如桌椅面下部的横挡，随着人的视点的不断变化，可适当降低其高度。在某一角度看家具的造型是完美的，到另一角度看，家具造型的透视变形可能不甚理想，因此还需综合其他的造型法则统一考虑，以获得良好的实感效果为准。

四、家具表面分割设计

家具的展示平面，尤其是柜类家具的门、屉、搁板及空间的划分都属平面分割设计的内容，是外形确定后的再设计。

家具表面分割设计的内容包括家具整体、局部的分割。通过应用逻辑来表现家具造型的形式韵律，既要研究家具设计中常见的几何形态的美感问题，又要探求各组成部分之间能获得良好比例关系的数学原理，不同方式的分割可以使同一形体呈现出千变万化的形态性格。凡家具设计，都注重基本几何形状的重复，将其作为基本形状进行组合分解，构成整体与局部、局部与局部之间的相似性，从而产生和谐。

（一）平方根矩形分割

短边为1，长边为$\sqrt{2}$，这种长方形为根号2（$\sqrt{2}$）长方形；短边为1，长边为$\sqrt{3}$，这种长方形为根号3（$\sqrt{3}$）长方形。同理类推可以得到$\sqrt{4}$，$\sqrt{5}$，$\sqrt{6}$等长方形。各长方形的短长边之比值为：

正方形 1：1

$\sqrt{2}$长方形 1：1.414

$\sqrt{3}$长方形 1：1.732

$\sqrt{4}$长方形 1：2

$\sqrt{5}$长方形 1：2.236

$\sqrt{6}$长方形 1：2.449

以上平方根长方形是家具形体和表面分割单元常用的长方形，由于其边长都是无理数，不可能用数值作图法精确量取，只能运用几何作图法求取。作图方式有两种，一种是正方形外作图法，另一种是正方形内作图法。（图4-21、图4-22）

在正方形外作图法中，正方形的对角线就是$\sqrt{2}$长方形的长边，$\sqrt{2}$长方形的对角线就是$\sqrt{3}$长方形的长边，以此类推，可以作出很多平方根长方形。在正方形内作图法中1比根号2分之1仍然为1.414，1比根号3分之1为1.732……所以是长边为1的平方根长方形。以正方形的边长为半径作圆弧，作对角线与圆弧相交，过交点所作的水平线所构成的长方形即为$\sqrt{2}$长方形；过$\sqrt{2}$长方形对角线与圆弧的交点作水平线所构成的长方形即为$\sqrt{3}$长方形。以此类推，可以作出其他平方根长方形。$\sqrt{2}$矩形可以等分为二等份或三等份，$\sqrt{3}$矩形可以等分为四等份或五等份，如此类推，这是一种特殊的等分形式。（图4-23）

从平方根矩形的一角向另外两角的连线（对角线）连续地作垂线可以将平方根矩形等分。

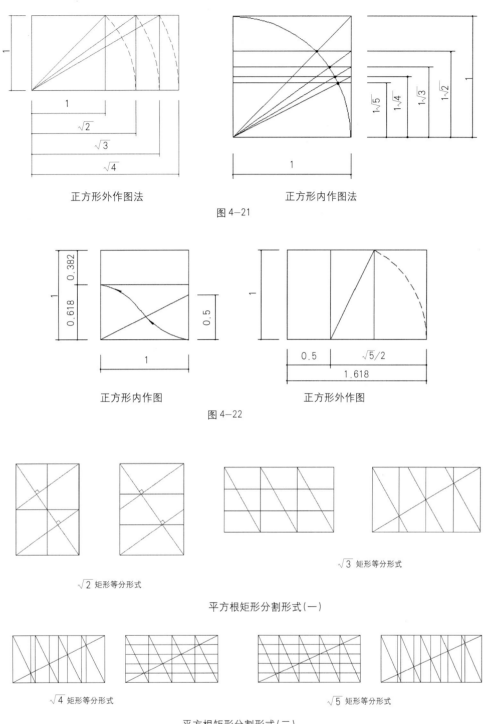

正方形外作图法　　　　　　　　正方形内作图法

图 4—21

正方形内作图　　　　　　　　正方形外作图

图 4—22

√2 矩形等分形式　　　　　　　　　√3 矩形等分形式

平方根矩形分割形式（一）

√4 矩形等分形式　　　　　　　　　√5 矩形等分形式

平方根矩形分割形式（二）

图 4—23

（二）黄金率矩形

黄金率是将已知的线段作大小两部分的分割，使小的部分和大的部分之比等于大的部分和全体之比，这个比率就是黄金率。黄金率若以小的部分为1，大的部分为 A，那么则有方程式：1∶A＝A∶（A+1），解此方程后得：

$$A = \frac{1 \pm \sqrt{5}}{2}$$

求得: A1 ≈ 1.618

A2 ≈ -0.618

若用两个根作图其比值不变, 0.618 (或1.618) 为黄金率值。长边与短边的比值为黄金率值的矩形称为黄金矩形。黄金矩形的作图可以根据正方形外侧和内侧作图法完成, 也可利用某已知线段作图。(图4-24)

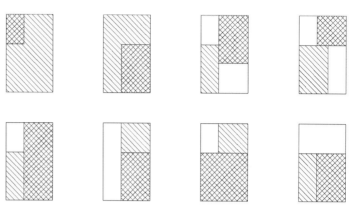

图4-24 黄金率矩形分割

(三) 等比数列分割

首项为1, 以r为公比依次乘下去, 可以得到等比数列, 即某项与其前一项之比的比值为r。

表达式为: 1, 1 × r, r × r, r × r × r, ……

当r=2时, 数列为: 1, 2, 4, 8, 16, 32, ……

若在一组形体中, 其长边与短边长度的比值为r或r的整数倍, 那么这组矩形就称为等比矩形, 公比值为r。(图4-25)

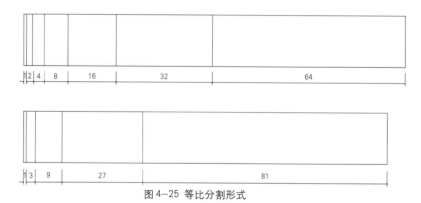

图4-25 等比分割形式

(四) 等差数列分割

设D为公差长度, 设其每后一个数与前一个数之差均为D值, 若将这些数的长度排列起来, 可以得到一个等差数列。

若在一组形体中, 其长边与短边长度之差值均为M或M的整数倍, 那么这组矩形就称为等差矩形, 其公差值为M。(图4-26)

例如

1, 3, 5, 7, ……其公差为2

1, 5, 9, 13, 17, ……其公差为4

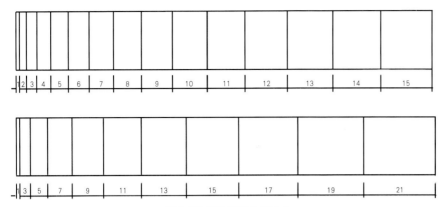

图 4-26 等差矩形分割形式

（五）等份分割

把一个整体分成若干相等而又相同的部分叫等份分割。此类分割常表现为对称的构成形式，特点是均衡、匀称、和谐，等份分割有二等份、三等份、四等份和多等份分割。（图 4-27）

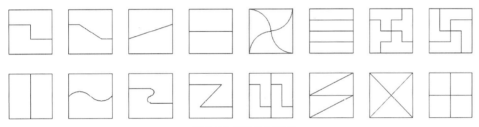

图 4-27 等份分割形式

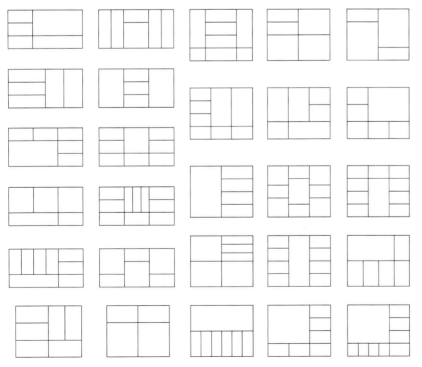

图 4-28 倍数分割形式

（六）倍数分割

指局部与局部之间、局部与整体之间依据简单的倍数关系进行分割，如：1:1，1:2，1:3，1:4，1:5等。这种分割形式数比关系明确，条理清楚，在组合柜类家具的设计中运用广泛。（图 4-28）

（七）自由分割

自由分割就是根据形式美的法则进行分割。分割时在注意协调统一的同时，要追求韵律、节奏的变化。（图 4-29）

总的来讲，家具的表面分割设计在家具的造型设计中尤为重要，无论是从功能的角度，还是从美学的角度，从材料与结构以及设备工艺方面的要求和限制都是不容忽视的。

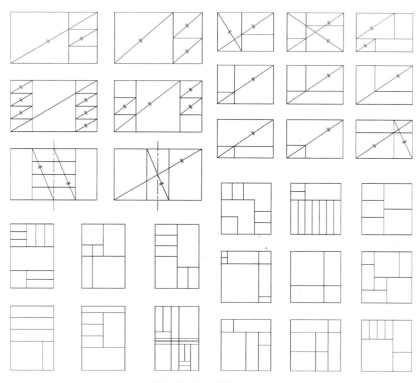

图 4-29 自由分割

五、家具色彩设计

家具的色彩主要体现在材质自身的固有色,保护材质表面的涂饰色,金属、塑料所有的工业色及软包家具的织物色。

在日常生活中,有很多家具是木制的。木材是一种天然材料,且木材种类繁多,其固有色十分丰富,或淡雅,或深沉,总体上呈暖色调。用透明涂饰法保持木材的固有色和天然的纹理,显得自然、亲切、温柔、高雅。

涂饰分两类:一类是透明涂饰;另一类是不透明涂饰。透明涂饰本身又有两种,一种是显露木材的固有色,另一种是经过染色处理,改变木材的固有色,但纹理依然清晰可见,使低档的木材具有高档木材的外观特征。不透明涂饰是将木材的纹理和固有色完全覆盖,使人感觉不到其木材木质的高低,涂饰色彩极其丰富,很受人们的喜爱。

家具的色彩设计离不开室内环境整体氛围的营造,家具与室内环境的色彩关系,往往是室内四周的界面色彩成为家具的背景色,在设计时有调和及对比两种色彩设计的方法。调和设计即运用相近的色系会使整个室内的家具与各界面之间的色彩趋于和谐统一,显得幽雅、宁静、柔和、沉稳;对比设计即用色相的对比、明度和彩度的对比使家具明显突出于环境,室内环境显得活跃而有生气。除此以外,家具的色彩设计还要注意色彩的面积对比关系。设计色彩时,小面积的色彩可以提高彩度,而大面积时应避免高彩度的设计。总之,家具的色彩设计必须和室内环境及其使用功能作整体统一考虑。

单 元 教 学 导 引

目标	本单元教学的内容是家具的造型设计，目的是使学生学会正确运用造型的形式法则，将不同的造型要素合理地组合，构成家具良好的外观形式，让家具既实用又美观，既能满足人们日常生活需要，又能满足人们的审美需求，带来美的享受。好家具是造型、材料、美观的完美结合。
要求	通过本单元的学习，要求学生掌握家具设计三要素，即功能、材料、结构，以及他们之间的关系；掌握点、线、面、色彩等元素在设计中的应用，掌握形式法则在家具设计中的运用，掌握结构、材料以及制作工艺等方面的知识点。
重点	任课教师一方面应从理论上强化学生对家具设计三要素的理解，另一方面，必须要求学生在实际设计活动中，充分利用材料的特点设计造型，使之结构合理、制作便利、工艺美观，既能满足功能需求，又能满足审美需求。只有这样，设计才能适应市场。
注意事项提示	任课教师在教学过程中，应注重培养学生的创新思维能力，对学生的想法加强引导，帮助学生实现其创意构思。
小结要点	在运用新材料结合新工艺制作对家具的个性表现，取决于设计者对设计理念的把握，同时也体现了设计者对家具的使用功能和人们审美需求的把握。只有在设计过程中处理好家具的个性化与功能之间的关系，好的设计效果才能够得以实现。建议任课教师对学生作业——设计理念、表现手法以及对元素的运用，最后效果进行评价。

为学生提供的思考题：

1. 为什么说材料的创新会带来工艺和设计的创新？

2. 什么是概念设计？为什么要做概念设计？

本单元作业命题：

设计一把椅子（概念设计）。

作业命题设计的原由：

通过概念设计，运用新材料、新工艺来进行创新设计。

命题设计的具体要求：

运用新材料来进行设计，创造出意料之外的效果；或运用传统材料、新工艺来实现设计。

命题作业的实施方式：

以绘图和制作模型的方式实现。

作业规范与制作要求：

用3号绘图纸，作三视图、透视图，在结构的关键部位要求画详图、大样图；作效果图表现；按比例制作模型。

单元教学测试：

任课教师尽可能多的选择一些在内容、形式和材料、技术方面有创新的家具设计作品，指导学生鉴赏，在此基础上，能够使学生有一些新的构想，并且做出草图设计。

测试完成后，任课教师做总结，提出判断的标准。

建议测试纳入学生课程成绩。

家具发展史简述及中外优秀家具欣赏

一、中国传统家具

中国古代家具的历史约有 3600 年，即从公元前 17 世纪的商朝到鼎盛的明清时期。由于民族特点、风俗习惯、地理气候以及制作技巧等因素的影响，中国家具形成了一种工艺精湛、不轻易装饰且耐人寻味的东方风格。随着社会的发展、人们生活习惯和生活方式的改变，家具的造型也从矮型家具过渡发展到从隋、唐、五代至宋而定型的垂足而坐的高型家具，直至明清时期，我国的传统家具进入了发展的高峰期，创造了中国传统家具灿烂辉煌的成就，同时也影响着世界各国的家具设计艺术的发展。

（一）明式家具（明代至清代初期——14 世纪下半期至 18 世纪初）

明朝是我国历史上又一个强盛时期。这一时期，由于商品经济的发展促进了城市的繁荣，人们生活水平的提高，使得家具的发展达到了一个顶峰。

明式家具的用材：明式家具具有优美、清丽的纹理特征。明式家具的选材充分显示了木质材料天然的纹理和色泽，从中透出一种内在、含蓄的美。明代家具的用材有硬木和柴木两种。硬木包括从南洋输入的名贵木材（花梨木、紫檀木、鸡翅木、红木等），多用于宫廷富宅；柴木多为楠木、榉木、樟木、柞木等，多用于民间。材料的选用为明式家具特有的结构和造型奠定了丰富的物质基础。

明式家具的风格：由于木材色泽和自然纹理优美、质地坚硬，在制作时采用了较小的结构剖面和精密的卯榫。榫的结构丰富多彩，有综角榫、抱肩榫、插肩榫、托榫、扣榫、抢角榫、暗榫、托角榫和燕尾榫。明式家具有精细的雕饰和线脚，不论硬木还是木漆家具，甚至是民间的柴木家具，都是造型简洁、结构合理、线条挺拔，秀气而舒展，没有过多装饰的自然美而显得素雅端庄，比例适度，注重使用功能。明式家具雅致的韵味表现在外形轮廓的舒畅与结实，各部线条雄劲而流利，更加上它顾全到人体形态环境，为体现处处适用的功能，而做成适宜的比例和曲度。

我国当代研究明式家具的著名学者杨耀先生在其著作中称:明式家具有很明显的特征,一是由构成而成立的式样,二是因配合肢体而演出权衡。从这两点着眼,纵然是千变万化,它始终保持不太动摇的格调,那就是简洁、适度。

我国另一位明式家具的著名学者王世襄先生对明式家具研究得有"十六品",即"简练、淳朴、厚拙、凝重、雄伟、圆浑、沉穆、秾华、文绮、妍秀、劲挺、柔婉、空灵、玲珑、典雅、清新",这些都是对明式家具的结构构件所形成的装饰神态的高度概括。

（二）清式家具（18世纪初至20世纪初）

清代家具浑厚富丽。它继承了明式家具构造上的某些传统做法,但造型趋向复杂,线条平直硬拐,并间以牙、角、竹、木、瓷、玉、琅、螺钿等镶嵌装饰,雕饰繁复,一改明式家具简洁雅致的韵味。清式家具在结构的合理性和人体使用功能的协调性方面有所忽略。因而,这一时期的家具显得尺度大而形重,具有那种在官场上炫耀财富、地位的气派之感。由于它用料考究,制作精细,因此多用于宫廷、豪宅,并为富商们所收藏。

二、西洋家具发展简述

（一）古代家具

约公元前16世纪至公元5世纪,古埃及、古希腊、古罗马时期的家具称为古代家具。

古埃及家具常见的家具有桌椅、折凳、矮凳、榻、柜子等。矮凳和矮椅是当时最常见的坐具,它们由四根方腿支撑,座面多采用木板或编草制成,椅背用窄木板拼接与座面成直角连接,椅架用竹钉钉接。正规座椅的四腿大多采用动物腿造型,显得粗壮有力,脚部为狮爪或牛蹄状,底部再接高木块作脚垫,使兽脚不直接接触地面。四腿的方位形状和动物走路时的姿态一样,作同一方向平行并列安置,形成了古埃及家具艺术造型的一大特征。在色彩运用上,以红、蓝、绿、棕、黑、白为主,多上油漆;在纹样的装饰上,有各种各样的植物和动物图案以及几何图案,有各种镶嵌,榫接的技术和雕工都相当成熟。

古希腊家具与同时期的埃及家具一样,都是采用严谨的长方形结构,同样具有狮爪或牛蹄的腿,平直的椅背、椅座等。到公元5世纪,希腊家具开始呈现出新的造型趋向,镶木技术的产生推进了家具艺术的发展。这时期的座椅形式已变得更加自由活泼,椅背不再是僵直的,而是由优美的曲线构成,椅腿变成带有曲线的镶木风格,方便自由的活动坐垫,使人坐得更加舒服。古希腊家具具有优美单纯的形式。

古罗马帝国拥有巨大的财富,因此,家具带有奢华的风格,与古希腊家具有相似之处。家具上雕刻精细,特别是出现模铸的人物和植物图饰,如带翼的人面狮身怪兽、方形石像柱以及毛茛叶饰等,显得特别华美。当时的家具有单人椅、双人椅、靠背椅、折叠凳、长凳、坐榻、床和桌等。折叠凳在罗马家具中有特殊地位,一种叫做Bisellium的阔椅在元老院和法院被普遍采用。这样的椅子腿部带有植物纹样的刻饰,作X状交叉,上覆盖坐垫,象征着一种权威。

（二）中世纪家具

西罗马帝国的衰亡到欧洲文艺复兴兴起前这一段时期,称为中世纪,约在公元5世纪至14世纪。这时期的家具主要是仿古希腊古罗马时期的家具,同时兴起哥特式家具。

仿古希腊的家具成为拜占庭家具的主流,并且继承了古罗马家具的形式,表现趋向于更多节奏感强的装饰,坐椅和长榻多采用雕木支架,镶嵌常用象牙和金银、宝石、装饰纹样以叶饰和十字架、圆环、花冠以及狮、马等为主,也有几何纹样。公元6世纪,东方丝绸传入欧洲,丝绸作为家具衬垫的外套装饰成为最受喜爱的材料。

仿古罗马式家具的主要特征是模仿建筑的拱券,最突出的是镟木技术的运用。有扶手椅、靠椅和凳子的腿以及靠背等,全部采用镟木制成。古代罗马的折椅在中世纪继续被模仿制造使用,同时用木雕的兽爪和兽头作为装饰。中世纪早期的贮藏家具以珍宝箱最为典型,大部分形式是高腿支撑箱柜,柜顶似屋顶形的斜盖,这种形式基本上是从木制棺椁的形式演变而来。箱柜的正面一般都有简洁的薄木雕刻装饰,常以花卉和曲线纹样作为图案的主题。

哥特式家具由哥特式建筑风格演变而来。家具比例瘦长、高耸,大多以哥特式尖拱的花饰和浅浮雕的形式来装饰箱柜等家具的正面,装饰雕刻精致。到15世纪后期,典型的哥特式焰形窗饰在家具中以平面刻饰出现,柜顶常装饰着城堡形的檐板以及窗格形的花饰。家具油漆的色彩较深,最典型的是图案用绿色,底板漆红色。

(三)文艺复兴时期家具

文艺复兴时期是指公元14世纪至16世纪,是欧洲由封建社会向资本主义社会过渡的历史变革时期,以意大利各城市为中心而开始的对古希腊、古罗马文化的复兴运动。

自15世纪后期起,意大利的家具艺术开始吸收古代造型的精华,以新的表现手法将古典建筑上的檐板、半柱、拱券以及其他细部形式移植到家具上作为家具的装饰艺术。如以贮藏家具的箱柜为例,它是由装饰檐板、半柱和台座密切结合而成的完整结构体,尽管这是一种由建筑和雕刻转化到家具上的造型装饰,但绝不是生硬、勉强的搬迁,而是将家具制作艺术的要素和装饰艺术完美的结合。当时典型的桌子为长方形,腿部为坚厚的螺纹支柱,支柱中间装接横挡,以加强其支撑力量。螺纹支柱的装饰常以假面和兽爪雕刻,与古代罗马的大理石桌子的艺术风格极为相似。意大利文艺复兴时家具的主要特征: 造型厚重庄严、线条粗犷。

意大利文艺复兴后期的家具装饰以威尼斯的作品最为成功。它的最大特点是灰泥模塑浮雕装饰,做工精细,常在模塑图案的表面加以贴金和彩绘处理,这些制作工艺被广泛用于柜子和珍宝箱的装饰上。

(四)巴洛克、罗可可风格家具

16世纪末,文艺复兴运动时期的风格已被逐渐兴起的巴洛克风格所代替,尽管文艺复兴时期已经以"人性"的主张作为艺术设计的原则,但真正为了生活需要而作为设计原则的应首属巴洛克风格。巴洛克风格的住宅和家具设计具有真实的生活性且富有情感,其特征是以浪漫主义精神作为家具造型的出发点,艺术造型热情奔放,它更加适于生活的功能需要和精神需求。因此,巴洛克风格是将艺术设计和生活本身密切结合的先驱, 这也是它最值得赞誉的成就。

巴洛克家具的最大特色是将富于表现力的细部相对集中,简化不必要的部分,而着重于整体结构,因而它舍弃了文艺复兴时期将家具表面分割成许多小框架的方法以及那些复杂、华丽的表面装饰,而改成重点区分,加强整体装饰的和谐效果。由于这些改变,巴洛克风格的坐椅不再采用圆形镟木与方木相间的椅腿,而代之以整体式的迴栏状柱腿;椅座、扶手和椅背改用织物或皮革包衬来替代原来的雕刻装饰。这种改革不仅使家具形式在视觉上产生更为华贵而统一的效果,同时在功能上更具舒适的效果。

罗可可风格家具于18世纪30年代逐渐代替了巴洛克风格。由于这种新兴风格成长在法王"路易十五"统治的时代，故又可称为"路易十五风格"。

罗可可家具的最大成就就是在巴洛克家具的基础上进一步将优美的艺术造型与功能的舒适效果巧妙地结合在一起，形成完美的工艺作品。路易十五式的靠椅和安乐椅就是罗可可风格家具的典型代表作。它由优美的椅身、线条柔婉而雕饰精巧的靠背、座位和弯腿共同构成，配合色彩淡雅秀丽的织锦缎或刺绣包衬，不仅在视觉艺术上形成极端奢华高贵的感觉，而且在实用与装饰效果的配合上也达到空前完美的程度。同样，写字台、梳妆台和抽屉橱等家具也遵循这一设计原则，具有完整的艺术造型，它们不仅采用弯腿以增加纤秀的感觉；同时台面板处理成柔和的曲面，并将精雕细刻的花叶饰带和圆润的线条完全融会一体，以取得更加瑰丽、流畅、优雅的艺术效果。

罗可可风格发展到后期，其形式特征走向极端，因曲线的过度扭曲及比例失调的纹样装饰而趋向没落。

英国的乔治王统治时期是英国家具设计、创作的黄金时期(1714～1837年)。乔治前期有著名的家具设计师汤姆士·齐潘德尔(Thomas Chippendale)。他的家具风格基本是以罗可可风格为基础，吸收了当地民间家具和东方艺术的精华，设计出著名的"齐潘德尔"式坐椅，成为世界上第一位以设计师的名字命名家具式样的家具设计大师。

（五）新古典家具

风靡于17世纪至18世纪的巴洛克风格和罗可可风格，发展至后期，其家具的装饰形式已完全脱离结构理性而开始走向繁复怪诞的虚假境地，人们在这虚假繁琐的装饰环境中又不免渴望一种清新的环境，以期达到一种心理平衡。在此背景下，以瘦削直线结构为主要特色的新古典风格成为一代新潮。新古典风格大致可分为两个发展阶段：第一阶段大约自1760年至1800年间，称为庞贝式(Pompeire)；第二阶段自1800年至1830年间，称为帝政式(Empire)。

庞贝式风格　盛行于18世纪后半叶，当时的法国路易十六式风格，英国乔治后期的罗伯特·亚当、赫巴怀特和谢拉顿风格，美国联邦时期风格以及意大利、西班牙等国18世纪后期风格均属于庞贝式风格的范畴。

路易十六式家具，它的最大特点是将设计重点放在水平与垂直的结合体上，完全抛弃了路易十五式的曲线结构和虚假装饰，直线造型成为了家具的自然本色。路易十六式家具，在造型结构上更加强调功能性，无论是采用圆腿、方腿的造型，其腿的本身都采用逐渐向下收缩的处理手法，同时在腿上加刻槽纹，更加显出支撑的力度。家具的外形倾向于长方形，使家具更适应于空间布局及活动使用的实际需要。椅座分为包、衬织物软垫和藤编两种，椅背有方形、圆形及椭圆形几种主要形式，整个造型显得舒适而秀美。

汤姆士·谢拉顿(Thomas Sheraton)，英国18世纪后期的杰出家具设计师及制作家。他的设计风格，深受路易十六、赫巴怀特和亚当风格的影响，他吸取了前辈的长处，创作出了有其自己风格的精美作品。他的作品具有良好的比例关系，也具备完美的装饰性和趣味性，家具的形体较为小巧修长，桌椅多数采用细长而由上往下收缩的方形直腿，偶尔也采用圆形槽纹直腿，椅背则多采用方形，中间饰以竖琴和古瓶等古典透雕装饰图案，将精美装饰与简洁的结构配合得极其完美，给人以极端纯净、优雅、精致玲珑的感觉。

帝政式风格　帝政式风格流行于19世纪前期，法国的执政内阁时期与拿破仑的帝政时期、英国的摄政时期以及19世纪初期意大利和西班牙家具的风格，都属于帝政式风格的范畴。拿破仑上台摄政的十年间，法国历史上称为帝政时期。而在此前的摄政内阁时期变革的家具设计风格到此时获得了更加成熟的发展。这种以古代罗马、希腊家具为主要模仿对象而形成的新风格，被称为帝政式风格。

帝政式风格可以说是一种彻底的复古运动，它不考虑功能与结构之间的关系，一味地盲目效仿，将柱头、半柱、檐板、螺纹架和饰带等古典建筑细部硬加于家具上，甚至还将狮身人面像、半狮半鸟的怪兽像等组合于家具支架上，显得臃肿、笨重和虚假。

三、现代家具发展及趋势

（一）现代家具的产生时期（1850～1914年）

这一时期在家具发展历史中，有两条平行线：

一条是以英国威廉·莫里斯(William Morris)为代表的一批艺术家和建筑师，他们竭力主张艺术家和工程师相结合的路线，倡导和推动了一系列的现代设计运动。其中有著名的"艺术与工艺运动"，有发生在欧洲大陆的新艺术运动——"90年代运动"，德国的以"青年风格派"为代表的新艺术运动，以及在法国的"新艺术"运动。这样一些运动的目的就是反对传统风格，寻求一种可以表现时代的新的设计形式。其中的代表人物有菲利浦·韦勃(Philip Webb)、查尔斯·雷尼·麦金托什(Charles Rennie Mack—intosh)、奥托·瓦格纳(Otto Wagner)、阿道夫·罗斯(Adolf Loos)和亨利·文·德·菲尔德(Henry Van de Velde)等。由于这些运动对传统保守观念的猛烈攻击，使得现代设计思想在理论上得以大张旗鼓的宣传。

另一条路线是由德国的米夏尔·托奈特(Michael Thonet)创造的。他以他的实干精神解决了机械生产与工艺设计之间的矛盾，第一个实现了工业化生产，将现代家具推向充满历史主义复兴色彩的社会，而赢得了极大的声誉。托奈特的主要成就是研究弯曲木家具，采用蒸木模压成型技术，并于1840年获得成功，继此又于1859年推出了最著名的第14号椅，成为传世的经典之作。

托奈特设计制作的家具为大多数人所使用，他的这种椅子结构合理，用料适宜，价格低廉，从而满足了早期的大量消费需要，改变了威廉·莫里斯等艺术家设计的式样，并且扩大了家具的服务范围。威廉·莫里斯等艺术家设计的家具很笨重，并且采用了浓厚的中世纪式样，技艺的尽善尽美是他们的首要信条，他们设计制作的家具尽管都是精品之作，但造价昂贵，只是为君王、贵族和银行家等少数人服务。

莫里斯及其运动之后，在英国出现了一种历史主义的新品种——艺术家具。这项运动的辩护人易斯特雷科告诫说，在家具中要提防一切形式的夸张，并要求线条简单、结构明确。例如他建议：在可能的条件下，保留未经加工的木材的天然纹理。

（二）现代家具的形成及发展（1918～1938年）

1906年，亨利·文·德·菲尔德创立的撒克逊大公（the Grand Duke of Saxong）工艺美术学校，一直致力于实现拉斯金（Ruskin）和莫里斯的思想，它于1919年与"魏玛艺术院"和"魏玛艺术工艺学校"合并，在魏玛成立了"国立包豪斯学院"，由此开创了著名的"包豪斯运动"。它不仅是一个新艺术教育的机构，同时又是新艺术运动的中心。

包豪斯运动的宗旨是以探求工业技术与艺术的结合为理想目标，它决心打破19世纪以前存在于艺术与工艺技术之间的屏障，把物体的形式和材料相结合，对物体本质的探索，是通过全面考虑现代的制作工艺方法、结构以及材料，从而产生形式。这样的形式脱离传统,往往让人觉得非同寻常……它不仅为了满足人们在形式上、情感上的要求,同时也必须具有现实的功能。包豪斯运动不仅在理论上为现代设计思想奠定了基础,同时也在实践运动中生产制作了大量的现代产品,更重要的是培养了大量具有现代设计思想的著名设计师,为推动现代设计做出了不可磨灭的贡献。

(三)现代家具高度发展时期(1945~1970年)

二次世界大战后的欧洲,百废待兴,随着工业技术的迅速发展,各种新材料日新月异,为现代家具的不断更新提供了雄厚的物质基础,随着新材料的不断产生和新工艺的研制,现代家具走上了高度发展时期。胶合板、层压板、玻璃钢、塑料等新材料的产生及相应的新工艺的出现,生产出了大量的概念全新的家具。米勒及其同事在研究胶合板的三维压型工艺方面,以及在研究金属腿脚与胶合板座之间、胶合板零件相互之间的连接问题方面,作出了许多贡献,尤其是从航空工业引进的新型塑料的应用,以及在制造金属杆圈式座椅时,运用了工业点焊技术。这是从有椅子以来,第一次使得这种最需要凭经验制作的产品,有可能进行工业规模的生产。

上世纪60年代初,欧洲工业进入高速增长的阶段,这种在美国完善及高度发展的现代家具之风,反过来对欧洲产生巨大影响,同时也推动了欧洲家具工业的发展,北欧、德国、意大利都相继登上欧洲家具制造业的先导地位。

(四)面向未来的多元发展时代(1970至今)

20世纪70年代,人类揭开了向宇宙进军的序幕。科技的高度发展,为人类社会的物质文明展示出一个崭新的时代。然而,面对着这样一个充满着电子、机械高速运行的社会,人们的设计思想似乎显得有些平庸、单调。人类开始反思,自60年代中期,兴起了一系列的新艺术潮流,如"波普艺术"、"欧普艺术"等等,这些艺术思潮在设计界产生了重大影响。"后现代主义"更是一针见血地批判现代主义。这一时期,各种体积小、重量轻、高效能、高精密度的专用设备不断涌现,为家具的小批量、多品种的加工开辟了新的途径。与此同时,组合家具得到了应用和发展。

四、中外优秀家具欣赏

图5-1 黑漆描金花草纹双人椅（清）

图5-2 剔红云龙纹宝座（清）

图5-3 紫檀嵌瓷花鸟图小柜（清晚期）

图5-4 紫檀描金花卉山水图多宝格（清雍正至乾隆）

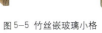

图5-5 竹丝嵌玻璃小格

图 5-6 黑漆描金边纳绣屏风（清雍正至乾隆）

图 5-7 紫漆描金花卉纹葵花式桌（清雍正）

图 5-8 红漆髹金云龙纹大交椅（清早期）

图 5-9 红漆描金龙戏珠纹宴桌（明末清初）

图 5-10 黄花梨云头纹方桌

图 5-11 鸡翅木嵌正龙纹扶手椅（清）

图 5-12 黑漆描金西洋花草纹扶手椅（清）

图 5-13 紫漆描金卷草纹靠背椅

图 5-14 紫檀藤心矮圈椅（明）

图 5-15 棕竹嵌玉三羊开泰纹扶手椅（清）

图 5-16 紫檀雕福庆纹藤心扶手椅（清乾隆）

图 5-17 黑漆描金福寿纹靠背椅（清）

图 5-18 黄花梨螭纹圈椅（明）

图 5-19 楠木嵌竹丝回纹香几（清乾隆）

图 5-20 红木龙首盆架（清）

图 5-21 黑漆描金双层如意式香几（清）

图5-22 紫檀五开光坐凳（清早期）

图5-23 楠木嵌瓷心龙纹圆凳（清康熙）

图5-24 红漆嵌珐琅面山水人物图圆凳（明）

图5-25 紫檀鼓腿彭牙方凳（明末清初）

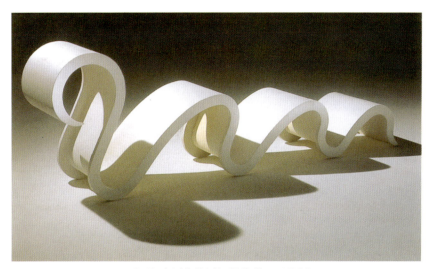

图 5-26 "毛虫"休闲椅（设计时间：1998 年）

图 5-27 "叶"儿童日间床（设计师：萨尔多，设计时间：1999 年）

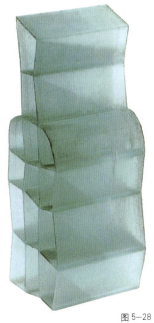

图 5-28

图 5-29 儿童椅（设计师：伯尔特齐格，设计时间：1967 年）

图5-30 "画廊"凳子（设计师：汉斯·萨德格伦·亚科布森， 设计时间：1998年）

图5-31 "那就是生活"休闲床

图5-32 "Anne"女王椅（设计师：文丘里，设计时间：1984年）

图5-33 图腾椅（设计师：约里奥·库卡波罗）

图5-34 休闲椅系列（设计师：约里奥·库卡波罗）

图5-35 Upo-203Chair（设计师：艾洛·阿尼奥）

图5-36 Karuselli 412（设计师：约里奥·库卡波罗）

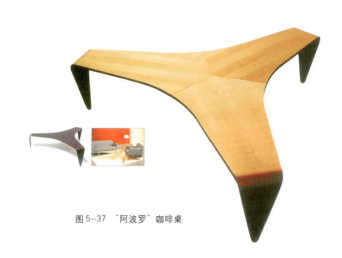

图 5-37　"阿波罗"咖啡桌

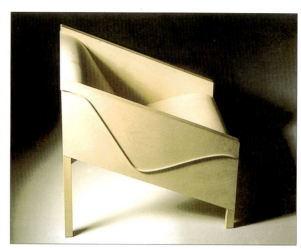

图 5-38　"风"（设计师：尤果·雅威沙洛）

图 5-39　"纸王"书报架（设计时间：2002 年）

图 5-40　室内设计案例

图 5-41 休闲躺椅

图 5-42 Vanhan Naisen Vierailu
（设计师：奥艾瓦·杜艾卡）

图5-43 "两张椅子之间"（设计师：
坎贝尔，设计时间：2002 年）

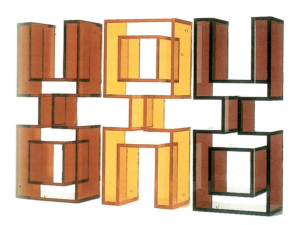

图 5-45 组合架（设计时间：1993~2001 年）

图 5-44 DNA 边桌

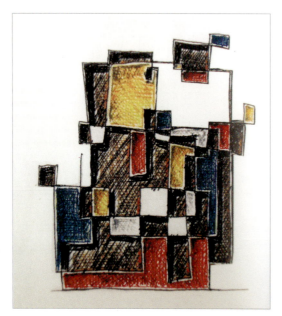

图 5-46 双面厨架 "蠕虫"（设计时间：1991 年）

图5-47 "秘密"椅子（设计师：尤度·库罗萨瓦，设计时间：2004年）

图5-48 "22号钻石"椅（设计师：伯托亚，设计时间：1952年）

图5-49 "卡夫拉维克"沙发（设计时间：2000年）

图5-50 "翅膀"木椅

图5-51 专为休息室或酒廊设计的椅子（设计时间：2002年）

图5-53 "飞毯"沙发（设计时间：1998年）

图5-52 SAS椅（设计时间：2002年）

这就是传说中的"飞毯"吗？这是一张用厚厚的毛毡做成的沙发，钢架可以随意拆卸移动，犹如古代游牧民族使用的传统帐篷。钢架上的毛毡形成柔顺的上下起伏，表达了一种经典设计的随意和自由。1998年设计，Cappellini出品。

图5-55 "Joe"沙发（设计师：帕斯·乌比诺、拉马齐，设计时间：1970年）

图5-54 休闲躺椅

图5-56 "轨道"长椅系列

图5-57 "花"板凳、边桌系列

图 5—58

图 5—60

图 5—59

图 5-61

图 5-62

图 5-63

图 5-64

图 5-65

图 5-66

图 5-67

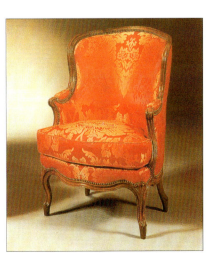

图 5-68

图 5-69

图 5-70

图 5-71

图 5-72

图 5-73

图 5-74

图 5—75

图 5—76

图 5—77

图 5—78

图 5—79

图 5—80

图 5—81

图 5—82

图 5—83

图 5—84

图 5—85

图 5—86

<table>
<tr><td colspan="2" align="center">单 元 教 学 导 引</td></tr>
<tr><td>目标</td><td>了解中国明、清时期家具发展状况，现代家具的产生、形成及发展，西洋家具发展概况。</td></tr>
<tr><td>要求</td><td>通过本单元的学习，要求学生了解中国明、清家具的设计风格；了解现代家具的形成及发展；了解西洋家具的发展概况。任课教师的分析讲授，引导学生进一步感受作品，理解作品。</td></tr>
<tr><td>重点</td><td>建议任课教师在实施教学的过程中，将中国明、清时期家具的设计风格作为本单元的教学重点。</td></tr>
<tr><td>注意事项提示</td><td>任课教师在讲授各个时期的设计风格时，应充分介绍时代背景，因为家具的发展变化与当时社会文化的发展密切相关。</td></tr>
</table>

思考题：

1. 明、清家具风格的形成原因。

2. 为什么说明、清时期是中国传统家具发展的鼎盛时期？

本单元作业命题：

鉴赏2、3件经典家具

作业命题设计的原由：

着重训练学生运用本课程所学知识，对设计作品进行分析，以此提高学生的分析能力和判断能力。

命题的具体要求：

写出分析报告。

后记

本书的目的意在突出设计的基本原理和技巧的应用，即对家具的功能、材料，以及制作工艺等作透彻了解，使设计师具备基础设计的能力。

本书得以出版我要感谢那些著名设计师们，本书借用了来自世界各地著名设计家的精美作品，有了他们的作品，本书的论点才得以生动，也对说明该书所涉及的论题起到了关键的指导作用；同时感谢"乐从杯"家具设计大赛部分获奖作品的设计者，他们的作品使本书的图片资料更加丰富。由于时间和联系方法等原因无法及时告知每一位作者，为此深表歉意！

本书还借用了大量明、清时期的家具珍品的图片来对问题进行说明，使读者能更加深刻感受到我国灿烂的历史文化，感受我们的祖先在家具设计方面高超的艺术表现和技术表现以及材料运用技巧。

本书能够出版，感谢西南师范大学出版社，感谢为本书提供资料的同事和朋友。

本书的编著作为一种探索，有不当之处在所难免，恳请读者和同行专家不吝赐教。

罗晓容

主要参考文献：

周美玉编著　工业设计应用人类工程学　中国轻工业出版社　2001年

S.C.列兹尼科夫[美]编著　室内设计标准图集　中国建筑工业出版社　1979年

高军　俞寿宾编著　西方现代家具与室内设计　天津科学技术出版社　1993年

庄荣　吴叶红编著　家具与陈设　中国建筑工业出版社　2004年

梅尔·拜厄斯[美]主编　50款椅子　中国轻工业出版社　2000年

刘盛璜编著　人体工程学与室内设计　中国建筑工业出版社　1997年

刘国余、沈杰编著　产品基础形态设计　中国轻工业出版社　2001年

雷达编著　家具设计　中国美术学院出版社　1995年

郭茂来著　家具设计艺术欣赏　人民美术出版社　2001年

孙亮、干珑、彭亮编　乐从杯家具设计大赛获奖作品选集　2002年

唐开军编著　家具设计技术　湖北科学技术出版社　2000年

刘永仁著　意大利家具风情　艺术家出版社　1998年